Mohamed Larbi Tayebi

Performances des systèmes OFDM dans les canaux radio-mobiles

Mohamed Larbi Tayebi

Performances des systèmes OFDM dans les canaux radio-mobiles

L'OFDM et la mobilité

Presses Académiques Francophones

Impressum / Mentions légales
Bibliografische Information der Deutschen Nationalbibliothek: Die Deutsche Nationalbibliothek verzeichnet diese Publikation in der Deutschen Nationalbibliografie; detaillierte bibliografische Daten sind im Internet über http://dnb.d-nb.de abrufbar.
Alle in diesem Buch genannten Marken und Produktnamen unterliegen warenzeichen-, marken- oder patentrechtlichem Schutz bzw. sind Warenzeichen oder eingetragene Warenzeichen der jeweiligen Inhaber. Die Wiedergabe von Marken, Produktnamen, Gebrauchsnamen, Handelsnamen, Warenbezeichnungen u.s.w. in diesem Werk berechtigt auch ohne besondere Kennzeichnung nicht zu der Annahme, dass solche Namen im Sinne der Warenzeichen- und Markenschutzgesetzgebung als frei zu betrachten wären und daher von jedermann benutzt werden dürften.

Information bibliographique publiée par la Deutsche Nationalbibliothek: La Deutsche Nationalbibliothek inscrit cette publication à la Deutsche Nationalbibliografie; des données bibliographiques détaillées sont disponibles sur internet à l'adresse http://dnb.d-nb.de.
Toutes marques et noms de produits mentionnés dans ce livre demeurent sous la protection des marques, des marques déposées et des brevets, et sont des marques ou des marques déposées de leurs détenteurs respectifs. L'utilisation des marques, noms de produits, noms communs, noms commerciaux, descriptions de produits, etc, même sans qu'ils soient mentionnés de façon particulière dans ce livre ne signifie en aucune façon que ces noms peuvent être utilisés sans restriction à l'égard de la législation pour la protection des marques et des marques déposées et pourraient donc être utilisés par quiconque.

Coverbild / Photo de couverture: www.ingimage.com

Verlag / Editeur:
Presses Académiques Francophones
ist ein Imprint der / est une marque déposée de
OmniScriptum GmbH & Co. KG
Bahnhofstraße 28, 66111 Saarbrücken, Deutschland / Allemagne
Email: info@presses-academiques.com

Herstellung: siehe letzte Seite /
Impression: voir la dernière page
ISBN: 978-3-8416-3733-8

Zugl. / Agréé par: Sidi Bel Abbés, Université Djillali Liabès, Thèse de doctorat, soutenue en octobre 2014

Dédicace

A l'ensemble des membres de ma famille.

Remerciements

Je tiens à exprimer ma profonde gratitude à ceux qui m'ont apporté leur soutien, leur amitié et leur expérience tout au long de ce travail de thèse.

Je tiens tout d'abord à remercier mon directeur de thèse, Monsieur Bouziani Merahi Professeur à l'Université Djillali Liabès sans lequel cette thèse n'aurait pas vu le jour.

Je veux remercier Monsieur Djebbari Ali, Professeur à l'Université Djillali Liabés pour l'honneur qu'il m'a fait de bien vouloir présider ce jury de thèse.

Je tiens à remercier Monsieur Naoum Rafah, Professeur à l'Université Djillali Liabès, qui m'a fait l'honneur de participer à ce jury.

Je tiens à remercier Monsieur Benbassou Ali, Professeur à l'Université de Fès (Royaume du Maroc), qui a pris la peine de se déplacer dans le but de participer à ce jury.

Je tiens à remercier Monsieur Feham Mohamed, Professeur à l'Université de Tlemcen, pour sa participation à ce jury.

Enfin, il me reste à remercier Monsieur Bassou Abdesslam, Professeur à l'Université de Béchar pour sa participation à l'examen de la présente thèse.

Je remercie toute ma famille pour son soutien inconditionnel.

Les quelques années passées au laboratoire de télécommunications et de traitement numérique du signal furent une expérience fort enrichissante. A tous ceux qui m'ont soutenu, merci.

Résumé

La demande toujours plus grandissante du grand public pour les appareils de communications ainsi que l'évolution exponentielle des nouvelles technologies a eu pour conséquence le besoin de transférer de grandes quantités d'informations en un temps minime. Avec l'avènement de de la technique de modulation OFDM à la moitié des années 60, celle-ci a apporté aux communications sans fil une solution à ce problème. L'OFDM permet en effet d'atteindre de très hauts débits dans un environnement multi-trajets. L'objectif des travaux réalisés dans le cadre de cette thèse est d'étudier et de proposer des améliorations des systèmes utilisant l'OFDM dans un environnement radio-mobile. Après la présentation du modèle de l'OFDM et de ses performances, ainsi que le canal radio-mobile caractérisé par l'effet Doppler qui contrairement à ce que l'on peut penser, n'est pas toujours source de dégradation, et dans le but de réduire au maximum les interférences inter-porteuses, nous avons proposé un nouvel algorithme nommé algorithme de conjugate cancellation modifié. Si les autres algorithmes de réduction des interférences ont été étudiés dans le but d'obtenir un gain maximal, l'algorithme proposé permet d'obtenir des performances pratiquement constantes dans un environnement très variable. Les performances sont donc indépendantes du décalage de la fréquence porteuse causé par l'effet Doppler, ce que ne peut prétendre les autres algorithmes.

Mots clés : Orthogonal Frequency Division Multiplexing (OFDM), Carrier Frequency Offset (CFO), Intercarrier Interferences (ICI), Doppler effect.

Table de matière

Table des figures

Table de figures

Liste des tableaux

Acronymes

4G	4ème Génération de téléphonie mobile
ADSL	Asymmetric Digital Subscriber Line
CAN	Convertisseur Analogique Numérique
CDMA	Code Division Multiple Access
CFO	Carrier frequency offset
CNA	Convertisseur Numérique Analogique
COFDM	Coded-Orthogonal Frequency Division Multiplexing
DAB	Digital Audio Broadcasting
DFT	Discrete Fourier Transform
DSP	Densité spectrale de puissance
DVB-T	Digital Video Broadcasting - Terrestrial
ETSI	European Telecommunications Standards Institute
FFT	Fast Fourrier Transform : Transformée de Fourier rapide
FPGA	Field Programmable Gate Array
GSM	Global System for Mobile Communications
HIPERLAN	High PERformance Local Area Network
ICI	Inter Carrier Interference
IDFT	Inverse Discrete Fourrier Transform
IF	Intermediate Fraquency
IFFT	Inverse Fast Fourrier Transform
ISI	Inter Symbol Interference
LNA	Low Noise Amplifier
LOS	Line Of Sight
LTE	Long Term Evolution
MB-OFDM	Multi-Band Orthogonal Frequency Division Multiplexing
MIMO	Multiple-Input Multiple-Output
MMSE	Minimum Mean Square Error
NLOS	Non Line Of Sight

OFDM	Orthogonal Frequency Division Multiplexing
PSK	Phase Shift Keying
QAM	Quadrature Amplitude Modulation
QPSK	Quadrature Phase Shift Keying
RF	Radio Frequency
SISO	Single-Input Single-Output
TDM	Time Division Multiplex
TDMA	Time Division Multiple Access
TEB	Taux d'Erreur Binaire
UMTS	Universal Mobile Telecommunication System
UWB	Ultra Wide Band
WiFi	Wireless Fidelity ou IEEE802.11b Direct Sequence
WiMAX	Worldwide Interoperability for Microwave Access
WLAN	Wireless Local Area Network
WPAN	Wireless Personal Area Network
ZF	Zero Forcing
ZP	Zero-Padding

Introduction générale

La dernière décennie a connu un développement sans précédent dans le domaine des nouvelles technologies de communications telles que la téléphonie mobile, la télévision numérique ainsi que les réseaux locaux sans fils tel le WIFI et le WIMAX. Cette évolution a été poussée par la demande grandissante des utilisateurs qui voulaient disposer de plus grandes quantités d'informations en un temps record et cela avec une utilisation simplifiée et une grande mobilité. En plus, les appareils devaient être de faibles dimensions et d'un cout abordable. Les télécommunications se développent à une vitesse vertigineuse, il en est ainsi pour tous les domaines scientifiques liés au développement des systèmes numériques.

A cause de la grande demande, les communications numériques sont obligées d'offrir des ressources toujours plus abondantes. La théorie de l'information donne les limites de la transmission de l'information sur un canal de communication, sans pour autant donner une solution parfaite qui permet d'y parvenir.

La recherche est donc contrainte à atteindre, ou tout au moins à s'approcher de ces bornes théoriques. La technique de modulation OFDM représente cette solution pour les performances requises. Cette technique est à ce jour la base d'un grand nombre de normes de communications. Nous pouvons citer, les liaisons filaires ADSL, le WiFi, l'HiperLAN2 et le WiMAX pour les réseaux à moyennes et grandes portées sans-fil ou le DAB et le DVB pour la diffusion audio et vidéo.

La force de l'OFDM réside dans le multiplexage de l'information sur la bande passante disponible sans pour autant créer d'interférences.

Ce qui a pour conséquence directe une augmentation du débit de la communication. La ruée vers cette technique depuis les années 90 est donc compréhensible bien que son concept date des années 60.

Le travail présenté dans ce manuscrit est directement lié à la génération des signaux OFDM. En effet, la difficulté de concevoir un système idéal sans interférences est un problème connu de longue date. Le souci d'une parfaite synchronisation dans les systèmes OFDM utilisés en télécommunications a depuis fort longtemps occupé le monde de la recherche dans le seul but de trouver ou tout au moins d'approcher la solution parfaite. La communauté scientifique est particulièrement active sur le sujet. C'est ainsi que de nombreux algorithmes ont été développés dans le seul but de limiter les interférences inter porteuses créés par le décalage de la fréquence porteuse.

Parmi toutes ces approches, la méthode d'ICI self Cancellation est la pionnière dans son domaine. Utilisée pour la première fois par Zhao et Haggman, cet algorithme ne nécessite pas la connaissance du canal et donc il n'a donc pas besoin de son estimation. Après ce premier pas, il s'en est suivie un certain nombre d'algorithmes, tous s'inspirant du même principe. Dans ce travail, nous avons étudié l'OFDM sous l'effet du décalage de fréquence porteuse. Les imperfections des oscillateurs locaux ainsi que l'effet Doppler sont les principales causes de ce décalage. Contrairement à ce que l'on peut penser, sous certaines conditions, l'effet Doppler peut contribuer à améliorer les performances du système.

Après avoir passé en revue divers algorithmes permettant de réduire significativement les interférences inter porteuses, nous avons proposé un nouvel algorithme inspiré d'un algorithme existant mais à la différence que celui que l'on propose est insensible au décalage de la fréquence porteuse causé par l'effet Doppler ou très faiblement dépendant.

Le chapitre 1 rappelle les principes de la transmission numérique à travers le canal hertzien. Nous avons passé en revue l'effet Doppler et les multi trajets, caractéristiques du canal radio-mobile. Une étude approfondie à été établie lors de l'étude des transmissions radio fréquences. Et enfin un aperçu sur les différentes modulations numériques a été fait.

Au chapitre 2, nous avons rappelés les principes fondamentaux de la modulation OFDM ainsi que les définitions utiles à la compréhension des travaux présentés. Nous avons établit un historique ainsi que les éléments fondamentaux de ce type de communication sont expliqués. Nous avons abordé notamment les notions de génération des signaux OFDM par transformée de Fourier, de propriété d'orthogonalité, d'interférences et de préfixe cyclique, de modélisation, et d'égalisation de canal.

L'OFDM et le décalage de la fréquence porteuse sera abordée au chapitre 3 dans lequel nous avons présenté les différentes causes du décalage de la fréquence porteuse ainsi que les performances du système sous ce décalage. Dans ce chapitre nous avons différencié entre les différentes causes du décalage de la fréquence porteuse. Nous avons montré que le premier se manifestait dans les liaisons fixes et mobiles alors que le second n'était présent que dans les transmissions mobiles. Un second point est le fait que l'effet Doppler, sous certaines conditions pouvait améliorer les performances du système, contrairement à ce que l'on pouvait penser, c'est-à-dire qu'il était toujours source de dégradation des performances du système.

Le chapitre 4 sera quant à lui dédié à l'étude des différents algorithmes de réduction des interférences inter porteuses, ainsi qu'a l'étude du nouvel algorithme qui permet au système de fournir des performances pratiquement constantes et cela indépendamment du décalage de la fréquence porteuse. Cette solution va donc pouvoir s'affranchir de ce décalage de fréquence qui était source d'interférences inter porteuses.

Enfin, nous apporterons une conclusion sur l'ensemble de ces travaux et poserons les perspectives de prochaines études.

Chapitre 1

Les transmissions numériques

Sommaire

1.1 Introduction

Ce premier chapitre a pour but de donner un bref aperçu sur les communications numériques ainsi qu'un certain nombre d'éléments de base qui permettra une meilleure assimilation de l'ensemble du présent travail.

En premier lieu, nous allons décrire le principe de fonctionnement d'une chaîne de transmission numérique. Celle-ci est constituée de trois éléments essentiels, une source d'information binaire, un destinataire ainsi qu'un canal de transmission. Le signal à émettre doit subir les opérations de codage et de modulation. Le canal physique va introduire une déformation du signal. Au niveau du récepteur, le signal reçu subit les opérations de démodulation ainsi que le décodage. En ce document, nous allons privilégier les transmissions hertziennes en nous attardant sur le canal radio mobile et en décrivant l'effet Doppler ainsi que les multi-trajets. Enfin nous détaillons l'opération de la transmission radio fréquence ainsi que les différents éléments qui la constituent.

1.2 Chaîne de transmission numérique

Le modèle de la chaine de transmission numérique est donné par la figure 1.1. Dans les systèmes de transmission numérique, l'information binaire est véhiculée entre une source et un ou plusieurs destinataires en transitant par un support physique. Ce support peut être soit un câble coaxial ou une fibre optique pour les liaisons fixes alors que pour les liaisons mixtes, c'est-à-dire, fixe et mobiles, on utilise le canal hertzien. L'origine des signaux véhiculés par le canal peut être soit numérique, comme on les retrouve dans les réseaux de données, soit analogique, mais que l'on convertit sous une forme numérique.

Le but recherché lorsque l'on conçoit un système de transmission, est d'acheminer l'information de la source au destinataire avec un maximum de fiabilité. Le canal de transmission où transite le signal à émettre ainsi que ses caractéristiques est très important car cela affecte directement la conception des systèmes de communication numérique.

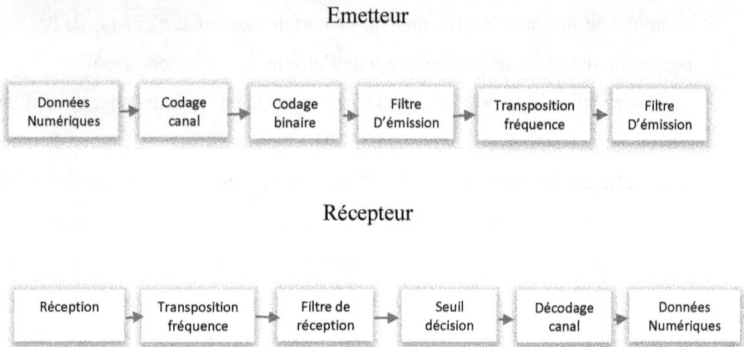

Emetteur

Données Numériques	Codage canal	Codage binaire	Filtre D'émission	Transposition fréquence	Filtre D'émission

Récepteur

Réception	Transposition fréquence	Filtre de réception	Seuil décision	Décodage canal	Données Numériques

Figure 1.1: Modélisation de la chaine de transmission

Le signal peut être soit de nature analogique ou numérique. Dans le cas où le signal généré par la source est analogique, alors nous devons le convertir en une suite d'éléments binaires par les différentes étapes d'échantillonnage, de quantification et de codage binaire. Le codeur de source a pour but la compression des données en éliminant les éléments binaires non significatifs. Cette opération permet d'augmenter l'efficacité de la transmission et d'optimiser l'utilisation des ressources du système. Le canal physique de transmission entache le signal à transmettre par du bruit et par des interférences d'origine diverses, induisant ainsi le récepteur en erreur. D'autre part, un codeur de canal a pour fonction d'introduire de la redondance dans la séquence d'information dans le but d'augmenter la fiabilité de la transmission. Ce codeur est appelé codeur détecteur et correcteur d'erreurs. Cependant, cette amélioration diminue le débit global de transmission, c'est le coût de cette amélioration. Le handicap des liaisons sans fils est la sécurité de communication, c'est donc dans le but d'empêcher l'interception d'une transmission qu'il est possible d'ajouter un système d'embrouillage afin de limiter cette interception. À la sortie du codeur de canal, l'information binaire passe dans un modulateur numérique, qui va lui servir d'interface avec le canal de communication. Chaque élément binaires est associée une forme d'onde, formant ainsi un signal électrique susceptible d'être envoyé dans le canal de transmission, au choix, en bande de base ou sur fréquence porteuse. Le canal de transmission est le support physique que l'on utilise pour véhiculer l'information de l'émetteur au récepteur. Il est différent selon le type de l'application. En effet, le téléphone utilise le câble bifilaire, mais des applications plus gourmandes en débit comme la télévision câblée préféreront le câble coaxial, car celui-ci permet d'obtenir des débits de l'ordre du Mbit/s. Quant à la fibre optique, elle permet de supporter des débits de quelques Gbit/s, elle est donc utilisée en téléphonie et internet haut-débit.

Dans le cadre de notre travail, nous avons privilégié les transmissions radio-mobiles qui utilisent la propagation des ondes électromagnétiques dans l'espace libre. Quel que soit le support utilisé lors de la transmission du signal, celui-ci subit diverses dégradations, comme les évanouissements propres à la propagation, le bruit thermique généré par les appareils électroniques, ou encore des perturbations électriques dues aux brouilleurs.

Au niveau du récepteur, le démodulateur traite le signal reçu par les opérations d'estimation et de quantification puis réduit le tout en séquences de nombres, qui sont en réalité des estimations des symboles émis.

Ces séquences sont par la suite décodées selon les opérations inverses de celles employées à l'émission. Cela permet ainsi au destinataire de retrouver l'information initiale. L'information binaire arrive au destinataire entaché de bruit. Les performances du système de transmission dépendent essentiellement des caractéristiques du canal, de la puissance de l'émetteur, de la forme d'onde utilisée et du type de codage.

Le bruit est le terme qui regroupe l'ensemble des perturbations subies par le signal lors de son passage dans le canal de transmission.

Afin de mesurer les perturbations du canal, nous allons définir le rapport signal sur bruit (SNR) comme étant le rapport entre la puissance totale du signal émis et la puissance du bruit au niveau du récepteur. Dans le but de quantifier la fiabilité de la communication, nous allons définir le Taux d'Erreur Binaire (TEB) comme le rapport entre le nombre de bits erronés et le nombre total de bits émis. La Probabilité d'Erreur Binaire (PEB) donne une estimation de ce rapport.

Enfin l'occupation spectrale du signal émis doit être connue dans le but d'utiliser de façon efficace la bande passante du canal de transmission, ainsi que les besoins en débit des différentes applications conduisent à des modulations à grande efficacité spectrale [1].

1.3 Le canal Hertzien

Le canal de transmission hertzien est caractérisé par sa réponse fréquentielle. Cette modélisation doit englober un certain nombre de phénomènes physiques, nous pouvons citer entre autres :

1.3.1 Propagation en espace libre

L'affaiblissement en espace libre représente une atténuation du signal en fonction de la distance parcourue. Cette propagation se produit lorsque l'émetteur est en vue directe avec le récepteur et qu'il est dégagé de tout obstacle. Cette propagation est qualifiée de propagation en vue directe. Un système de communication qui obéit à ces spécifications peut être schématisé comme le montre la figure 1.2. Au niveau du récepteur, la puissance du signal s'atténue. Cette atténuation, que l'on note A est inversement proportionnelle au carré de la fréquence ainsi qu'à la distance séparant l'émetteur et le récepteur. La puissance reçue s'écrit sous la forme suivante [2] :

$$P_r = \frac{P_e G_e G_r \lambda^2}{(4\pi d)^2} \qquad (1.1)$$

où G_e et G_r sont les gains respectives des antennes de l'émetteur et du récepteur exprimés en dB, d est la distance séparant les deux antennes exprimée en mètre, et λ est la longueur d'onde en mètre. L'atténuation est donnée par le rapport de la puissance P_r du signal reçu et la puissance P_e du signal émis. Elle s'écrit donc [2]:

$$A = G_e G_r \frac{\lambda^2}{(4\pi d)^2} \qquad (1.2)$$

λ est reliée à la fréquence de travail f_p par la relation suivante :

$$\lambda = \frac{c}{f_p} \qquad (1.3)$$

Avec c célérité de la lumière ($3.10^8 m/sec$).

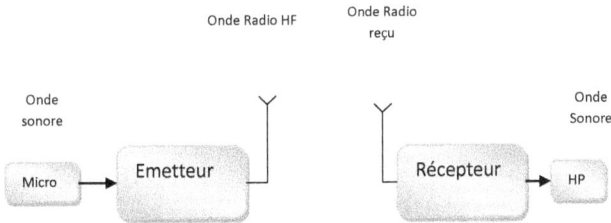

Figure 1.2 Transmissions en espace libre

1.3.2 Evanouissements des signaux

L'évanouissement est une atténuation du signal, qui varie en fonction du temps et de la fréquence porteuse. Ce phénomène est essentiellement généré par le déplacement relatif du récepteur par rapport à l'émetteur ainsi que par les trajets multiples. Le signal peut aussi emprunter, ou passer à travers différents milieux dans le canal entre l'émetteur et le récepteur. Les différents évanouissements peuvent être classés selon qu'ils soient rapides ou lents. Ce critère se réfère à la rapidité avec laquelle l'amplitude et la phase de la réponse du canal évoluent dans le temps. Le temps de cohérence est la grandeur qui définit le temps minimum nécessaire afin d'obtenir un changement d'amplitude ou de phase de la réponse du canal. Nous pouvons distinguer différents évanouissements.

1.3.2.1 Les évanouissements lents

L'évanouissement lent se produit lorsque le temps de cohérence du canal est plus grand que le temps d'utilisation du canal. Il est essentiellement dû à la présence d'un obstacle assez grand comme une montagne ou un immeuble dans le trajet de l'onde transmise.

1.3.2.2 Les évanouissements rapides

L'évanouissement rapide se produit lorsque le temps de cohérence du canal est inférieur au temps d'utilisation du canal. Cet évanouissement est principalement dû aux changements rapides de la position relative du récepteur auquel on ajoute la présence d'un environnement à trajets multiples.

1.3.2.3 Les évanouissements plats

Lorsque la largeur de la bande spectrale du signal est plus petite que la bande de cohérence, alors l'évanouissement est plat.

1.3.2.4 Les évanouissements sélectifs

Dans les cas où la largeur de la bande spectrale du signal est plus grande que la bande de cohérence, alors, l'évanouissement est sélectif en fréquence. Dans ce cas-là, plusieurs composantes fréquentielles du même signal vont subir des évanouissements. Ce qui implique que ce canal va être dispersif. En d'autres termes, l'énergie du signal associée à chaque symbole va être dispersée temporellement. Ce qui a pour conséquence que les symboles adjacents dans le domaine temporel vont interférer entre eux, nous sommes donc en présence d'interférence inter-symbole. Le canal hertzien est bien entendu affecté par la superposition du bruit thermique ainsi que par les perturbations dues aux signaux parasites.

1.4 Propagation en environnement réel

La propagation en espace libre ne se rencontre pas toujours dans les situations d'émission et de réception réelles. Dans le cas général, une source est à l'origine du signal transmis qui se propage dans l'espace en suivant différente directions, avant d'être reçu par le récepteur. Si l'émetteur et le récepteur ne sont pas en vue directe, alors ce type de propagation est appelé NLOS. Si dans le cas contraire, une visibilité directe existe entre ces derniers, alors, les propagations LOS et NLOS peuvent coexister. La nature de l'environnement de propagation et de la taille des obstacles génère divers phénomènes physique à savoir :

1.4.1 La réflexion

Celle-ci se produit lorsque le canal de propagation est plein d'obstacles de grandes dimensions par rapport à la longueur d'onde. La réfraction décrit l'onde transmise à travers l'obstacle. Si l'obstacle est un conducteur parfait, la transmission de l'onde est inexistante. Si la surface est parfaitement lisse, ou que les irrégularités possèdent des dimensions négligeables par rapport à la longueur d'onde, la réflexion et la réfraction obéissent aux lois de Snell-Descartes et de Fresnel. Les coefficients de réflexion et de réfraction dépendent étroitement des propriétés électromagnétiques de l'obstacle, de sa polarisation, de sa fréquence ainsi que de la direction de l'onde incidente.

1.4.2 La diffraction

Celle-ci se produit lorsque l'onde rencontre l'arrête d'un obstacle de grandes dimensions par rapport à la longueur d'onde. Le principe d'Huygens, qui stipule que chaque point éclairé de l'obstacle peut être perçue comme une source qui retransmet l'onde sous forme sphérique, ce qui permet de calculer la diffraction. On peut citer, à titre d'exemple, la diffraction par-dessus les toits ou sur les coins des bâtiments. La diffraction permet d'accéder à des zones qui seraient, sans elle, considérées comme zones d'ombre. Dans le cas général, l'énergie diffractée s'affaiblie au fur et à mesure que l'on se rapproche de l'obstacle et que la fréquence devient plus grande. Un grand nombre d'études ont été faites sur les pertes de puissance dans le contexte radio mobile, les différents modèles prennent en compte la diffraction [2].

1.4.3 La diffusion

Celle-ci se produit lorsqu'une onde rentre en collision avec un obstacle qui possède une surface qui n'est pas tout à fait plane et lisse. C'est le cas des couches ionisées, de la surface du sol dans les régions vallonnées ou de la surface des obstacles comme les falaises, les forêts ou encore les constructions. Au niveau du récepteur, les différents trajets arrivent avec des atténuations différentes en amplitude et des rotations de phase différentes ainsi qu'avec un certain retard qui dépend de la longueur du trajet parcouru. L'ensemble se recombine au niveau du récepteur pour former le signal total reçu [2].

Ces trois phénomènes sont montrés par la figure 1.3.

Environnement multi-trajets

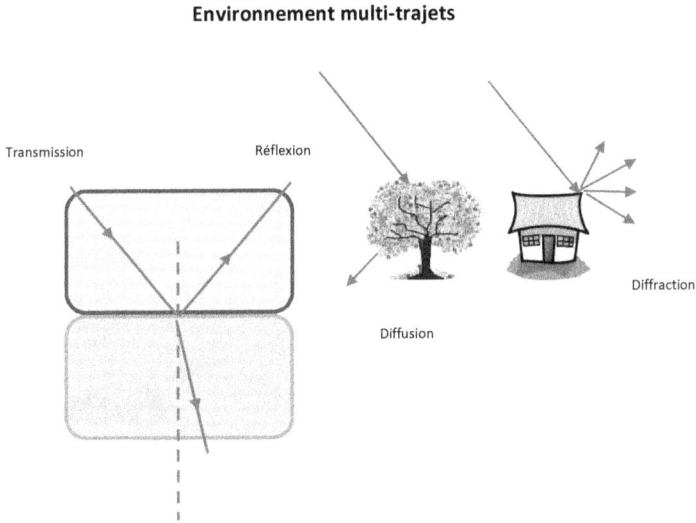

Figure 1.3: Transmissions dans un environnement multi-trajet

1.5 Effet Doppler

L'effet doppler est une des caractéristique du canal radio électrique, il est donc inexistant dans les supports physiques fixes tel que le câble coaxial ou la fibre optique. Dans un environnement radio mobile, le récepteur est en mouvement relatif par rapport à l'émetteur. Ce mouvement introduit un décalage de fréquence dans le spectre du signal reçu. Ce décalage est Diffusion Doppler. Il dépend étroitement de la vitesse du mobile, de la longueur d'onde ainsi que de l'angle d'incidence du trajet par rapport à la trajectoire de déplacement. Dans les systèmes OFDM, l'effet Doppler pose des problèmes significatifs [3]. En effet, la technique de transmission est très sensible aux décalages de la fréquence porteuse. L'expression mathématique du décalage Doppler est donnée par la relation suivante [3]:

$$f_d = f_p \frac{v}{c} \cos \varphi \qquad (1.4)$$

Où v représente la vitesse de déplacement du récepteur par rapport à celle de l'émetteur, f_p, la fréquence de l'onde, c, la vitesse de la lumière et φ, l'angle d'incidence par rapport à la trajectoire de déplacement. La figure 1.4 montre l'évolution d'un mobile en environnement urbain.

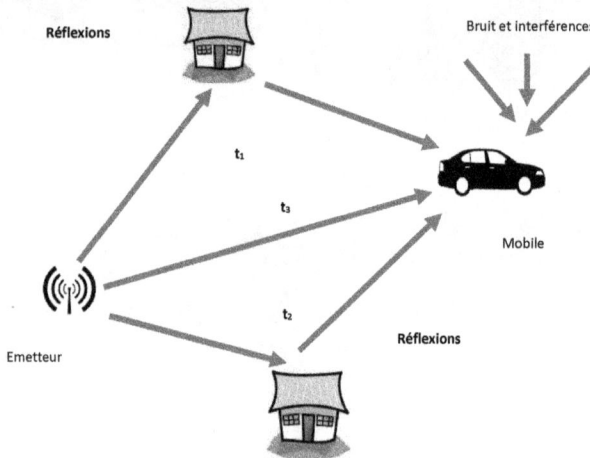

Figure 1.4: Evolution d'un mobile en environnement urbain

1.6 Canal invariant à bruit additif

Le modèle le plus simple à générer et à analyser est le canal à bruit additif. En effet, il modélise en même temps le bruit d'origine interne comme par exemple le bruit thermique dû aux composantes électroniques, ainsi que le bruit d'origine externe comme par exemple le bruit des antennes.

Ce bruit est statistiquement caractérisé comme un processus gaussien. Nous pouvons intégrer à ce modèle l'effet de l'atténuation de canal.

Lorsque cette atténuation par le canal existe, alors, le signal reçu s'écrit sous la forme :

$$y(t) = \alpha x(t) + n(t) \qquad (1.5)$$

où α désigne le facteur d'atténuation et n(t) le bruit additif gaussien de moyenne nulle, de variance σ_n^2 et de densité spectrale de puissance bilatérale $\Phi_m = \frac{N_0}{2}$.

1.7 Propagation multi trajets

Dans un environnement indoor, la propagation est caractérisée par des phénomènes de multi trajets.

Une impulsion sonore parcourt 30 m en 1/10 de seconde alors qu'une onde électromagnétique se propage sur la même distance en 100 nanosecondes.

La présence d'obstacles génère des échos qui viennent se superposer au signal reçu. Ces échos sont retardés et atténuées en fonction de la position des obstacles et de leur nature.

Si l'on Prend un signal émis formé d'un train de deux impulsions. Nous allons supposer que l'onde prend 3 directions différentes reliant l'émetteur E au récepteur R, le trajet direct et deux trajets réfléchis sur deux obstacles. Alors, les impulsions reçus y(t) sont retardés. Ce retard est dû au temps de propagation. En environnement indoor, les retards vont de quelques dizaines de µs à quelques centaines de nanosecondes.

Le signal y(t) comporte alors quatre impulsions supplémentaires, qui sont dues aux deux réflexions sur les obstacles.

Pour chaque impulsion émise, on obtient donc deux échos atténués en amplitude et retardés [3].

La propagation multi trajets génère les phénomènes suivants :

1. La réception du signal reste possible, même si le trajet direct est n'existe pas. Ce type de transmission est appelé NLOS, contrairement à une situation ou l'émetteur et le récepteur sont en visibilité directe.

2. Si le signal émis est à bande étroite, alors les phénomènes d'interférences qui sont liés aux multi trajets génère de larges variations de l'enveloppe du signal reçu pour des déplacements des antennes sur des distances de l'ordre de la longueur d'onde (à 2 GHz, $_{,}$ = 15 cm). Ce phénomène est appelé fading. Il est dans le cas général modélisé de manière statistique en utilisant les distributions de Rayleigh et de Rice.

3. Si le signal est à large bande, et que le débit des symboles du signal émis est grand, alors, les superpositions dues aux échos génèrent des interférences inter-symboles.

Ce phénomène traduit la sélectivité en fréquence du canal. Le signal transmis est affecté d'atténuation, de dispersion temporelle, de fluctuations et de délais de transmission dont les variations sont aléatoires.

En analysant la puissance du signal reçu Pr en fonction de la distance d entre l'émetteur et le récepteur (figure 1.5), nous pouvons observer trois échelles de fluctuation :

- un affaiblissement qui varie en fonction de la distance d.

- des variations lentes dues aux effets de masque, lesquels sont dues aux différents obstacles tel un immeuble ou une forêt.

 - des variations rapides causées par les trajets multiples, lesquels sont générés par les obstacles proches du récepteur.

Ces trois types de variations ont donné naissance à de différents modèles.

Les modèles Okumara-Hata[39-40], de Walfish-Ikegami[41], et micro cellulaires caractérisent l'affaiblissement en fonction de la distance.

Les variations lentes sont modélisées par une loi log-normale. Ces modèles permettent de dimensionner les zones de couverture des systèmes cellulaires.

Les variations rapides sont modélisées par une propagation à trajets multiples à évanouissements de Rayleigh.

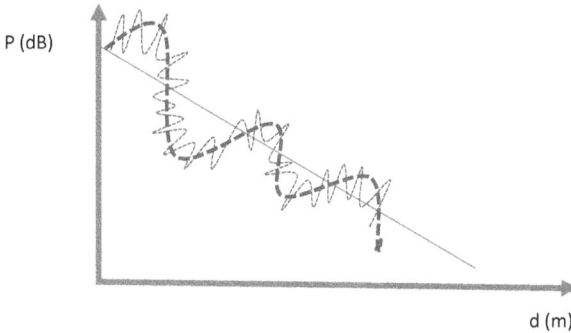

Figure 1.5: variation de la puissance du signal reçu en fonction de la distance parcourue par le mobile

1.8 Transmissions radiofréquences

Un système de transmission numérique est essentiellement constitué de trois éléments, l'émetteur, le récepteur et le canal de transmission. Le signal est modulé et mis en forme au niveau de l'émetteur. L'étape suivante consiste à multiplier par une sinusoïde le signal en bande de base afin de centrer le signal utile autour d'une fréquence radiofréquence (RF). Le signal radiofréquence ainsi constitué est amplifié en puissance avant d'être transmis dans le canal hertzien à l'aide d'une antenne. Au niveau du récepteur, le signal RF est capté par une autre antenne, puis filtré et amplifié. On procède alors à la transposition en fréquence dans le but d'obtenir le signal en bande de base. Le signal est alors échantillonné, traité puis démodulé.

1.9 Blocs électroniques

L'évolution des radiocommunications est étroitement liée à l'évolution des équipements électroniques et de la microélectronique. L'apparition du transistor a été le premier pas vers une réduction de la taille des systèmes électroniques ainsi que de leur consommation. Les nouvelles techniques de transmission numérique ont permis d'obtenir de meilleures performances, avec une diminution de la complexité de réalisation des émetteurs et des récepteurs.

Les deux caractéristiques globales qui définissent une transmission numérique sont la capacité, qui est définie par le nombre maximal de bits pouvant être transmis par seconde, et le taux d'erreur binaire (BER) qui est défini par le rapport entre le nombre de bits erronés et le nombre total de bits émis. Les phénomènes physiques liés au transit du signal à travers le canal hertzien ainsi que les différents traitements du signal lors de l'émission et de la réception sont les principales causes de perturbations qui affectent le signal utile. Au niveau de l'émetteur, les non linéarités des caractéristiques des différents composants électroniques.

Au niveau du canal hertzien, l'introduction d'interférences, le bruit ainsi que les différents phénomènes d'évanouissement du signal dû aux multi trajets. Au niveau du récepteur, les non linéarités dues aux caractéristiques des composants électroniques, ainsi que la diminution du rapport signal à bruit (SNR) par la superposition au signal utile du bruit thermique. En effet, la grandeur qui permet de suivre l'évolution de la qualité du signal est le SNR. Nous allons maintenant faire une description du fonctionnement de chaque composant de la chaine de transmission [4].

1.9.1 Les antennes

L'antenne est l'interface entre l'espace libre et le récepteur radioélectrique. Elle réalise donc l'adaptation d'impédance entre l'espace libre et l'entrée du récepteur. Les antennes sont caractérisés par : la bande passante, le gain, la directivité, l'angle d'ouverture du faisceau, la polarisation et la température équivalente de bruit. La fréquence de résonance d'une antenne dépend étroitement de ses dimensions [4].

1.9.2 Les amplificateurs faible bruit

Un amplificateur à faible bruit a pour but d'amplifier les signaux utiles de faibles puissances issue de l'antenne de réception. Celui-ci est placé à proximité de l'antenne afin de diminuer les pertes en ligne. Ramener le niveau de puissance du signal utile à un niveau acceptable tout en contrôlant le niveau de bruit en sortie, tel est le rôle de l'amplificateur à faible bruit. L'amplification du signal doit donc répondre à deux exigences importantes qui sont la garantie d'un gain approprié et d'un contrôle de la dégradation due au bruit au niveau du récepteur [4].

1.9.3 Les mélangeurs

Dans la plupart des récepteurs numériques, la démodulation fonctionne à des fréquences porteuses plus basses que la fréquence porteuse du signal reçu. Il faut donc translater le signal utile autour d'une fréquence centrale plus basse. Ces translations peuvent être classées en deux catégories. La première consiste à multiplier deux signaux dans le domaine temporel dans le but de réaliser, après le filtrage du signal résultant, une transposition du spectre fréquentiel autour d'une fréquence plus basse. La seconde, est dénommée démodulation analogique en quadrature ou IQ, elle consiste à réaliser une transposition en fréquence dans le domaine fréquentiel puis d'en extraire les deux signaux en quadrature. L'information est contenue dans la phase et l'amplitude, in en résulte que ce traitement devient indispensable pour les modulations numériques. Les deux éléments qui sont des éléments clés dans cette transposition de fréquence sont le mélangeur et le synthétiseur en fréquence [4].

1.9.4 Les oscillateurs locaux

L'oscillateur local a pour fonction de fournir un signal de référence stable à l'entrée du mélangeur. A l'intérieur du mélangeur, les transistors qui reçoivent les signaux de l'oscillateur local et du signal radio fréquence utile fonctionnent généralement dans une zone non linéaire. Les oscillateurs contrôlés en tension VCO et les boucles à verrouillage de phase ou PLL permettent de produire les signaux de l'oscillateur local. Les oscillateurs commandés en tensions sont composés d'un élément oscillant, généralement un circuit formé de bobines et de condensateurs, d'un circuit à résistance négative et d'un circuit présentant une impédance contrôlable en tension comme par exemple les oscillateurs qui utilisent des diodes varicap La constitution des boucles à verrouillage de phase sont le détecteur de phase, l'amplificateur et le filtre de boucle. Dans un générateur de fréquence, l'oscillateur commandé en tension est verrouillé en phase à une référence oscillante de haute stabilité. Pour obtenir cette stabilité, on utilise généralement un oscillateur à quartz. Le détecteur de phase permet de comparer la phase du VCO divisé en fréquence avec celle de l'oscillateur de référence, puis de générer une tension qui a pour but de corriger la fréquence du VCO. Dans le but d'obtenir une pureté spectrale des signaux générés satisfaisante, la dernière génération de VCO a remplacé l'élément oscillant classique formé de capacités et d'inductances par des microsystèmes électromagnétiques MEMS [4].

1.9.5 Les filtres

Dans le cas général, l'information utile est contenue au sein d'un signal complexe. L'extraction du signal utile par filtrage est possible et simple dans les cas où le spectre de l'information est isolé du spectre des composants parasites. Le filtre permet de modifier la composition spectrale d'un signal en éliminant certaines composantes. En effet, il permet l'atténuation de certaines fréquences indésirables. Le filtre peut être soit de conception analogique ou numérique. Dans la plupart des récepteurs radiofréquence, on utilise deux filtres. Le premier, appelé filtre de présélection est situé entre l'antenne de réception et l'amplificateur faible bruit alors que le second est monté avant le mélangeur dans le but d'éliminer la bande de fréquence image avant la translation en fréquence. Dans le cas idéal, les filtres radio fréquences ne laissent passer que les signaux qui se trouvent dans le spectre de l'information.

Cependant, ce genre de filtres n'arrive pas à éliminer les signaux dont les fréquences sont proches de celles du signal utile. Notons aussi que les filtres RF atténuent aussi la puissance du signal utile [4].

1.9.6 Les convertisseurs analogiques numériques

Le convertisseur analogique numérique transforme le signal continu en signal à valeurs discrètes et dont l'amplitude est proportionnelle au signal d'entrée.

L'opération inverse est réalisée à l'aide de convertisseurs numériques analogiques. La résolution, la fréquence d'échantillonnage, la linéarité ainsi que la consommation sont les principales caractéristiques des convertisseurs analogiques numériques. La résolution d'un convertisseur analogique numérique est le nombre de valeurs discrètes maximales que peut produire celui-ci en pleine échelle. Les valeurs discrètes sont sauvegardées sous une forme binaire, et le bit est l'unité de cette résolution. Dans le cas général, le nombre de valeurs discrètes disponibles est une puissance de deux. A titre d'exemple, un convertisseur analogique numérique dont la résolution est de 10 bits, convertit une entrée analogique sur 1024 niveaux, c'est-à-dire 2^{10}. On impose aux convertisseurs analogique-numérique d'être de plus en plus performants. En téléphonie mobile par exemple, la résolution et la fréquence d'échantillonnage de ces convertisseurs sont de plus en plus grandes et leurs consommation réduite. Le problème du PAPR des signaux OFDM conduit à une augmentation de la résolution des convertisseurs. D'autre part, le fait d'augmenter le débit des transmissions imposent une augmentation des bandes passantes des signaux utiles ce qui a pour conséquence une augmentation de la fréquence d'échantillonnage. Pour le standard LTE Advanced, on propose une largeur de bande pouvant atteindre 100 MHz, ce qui va donc imposer une fréquence d'échantillonnage égale à 200 méga échantillons/s.

1.10 Systèmes de réception mono-bande

Dans une transmission radiofréquence, l'opération transite par trois différentes étapes: l'émission, le passage à travers le canal hertzien et la réception.

A l'émission, l'information est modulée dans le but d'obtenir un signal en bande de base.

Ce signal est alors translaté autour d'une fréquence RF à l'aide d'un mélangeur. Le signal RF est amplifié puis émis par une antenne qui pour fonction l'adaptation du circuit électronique avec le canal hertzien.

La modélisation du passage du signal par le canal hertzien englobe les différents phénomènes physiques présents dans le canal hertzien à savoir, l'atténuation du signal, les évanouissements et la superposition du bruit au signal.

La chaîne de réception est formée d'une antenne qui a pour but d'adapter le canal hertzien au récepteur.

L'antenne reçoit les signaux utiles ainsi que les signaux indésirables comme le bruit. Le signal utile du signal est filtré. Le filtre radio fréquence est responsable de ce traitement du signal. Le récepteur intègre un amplificateur radio fréquence à faible bruit qui permet d'amplifier le faible niveau de puissance des signaux reçus à la sortie du filtre. À la sortie du filtre, le niveau de puissance des signaux est faible. Enfin, le signal est translaté en fréquence dans le but d'obtenir la composante en bande de base. Plusieurs techniques sont utilisées dans le but de réaliser ce traitement de signal. Nous citerons les récepteurs homodyne et hétérodyne [4].

1.10.1 Le récepteur superhétérodyne

L'architecture du récepteur superhétérodyne est donnée par la figure 1.6. Elle a été proposée par Armstrong en 1928 et elle est jusqu'à présent l'une des architectures les plus utilisée dans les mobiles de deuxième et troisième génération en raison de ses bonnes performances.

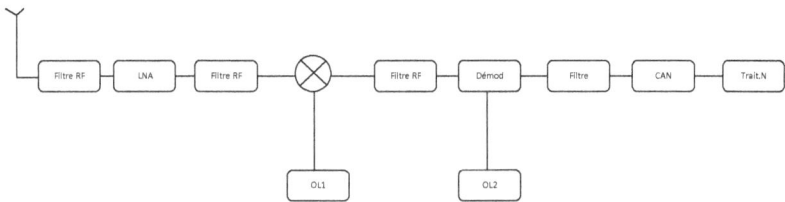

Fig.1.6 Synoptique du récepteur superhétérodyne

Son principe de fonctionnement est le suivant. On transpose la bande de réception autour d'une fréquence intermédiaire fixe. C'est alors qu'en utilisant un oscillateur local ayant une fréquence égale à celle autour de laquelle est centré le canal souhaité que l'on transpose le signal en bande de base.

La multiplication du signal RF avec le signal issu d'un oscillateur local permet la réalisation de la première transposition du spectre.

Quant à la seconde transposition, elle est réalisée par un démodulateur IQ formé d'une paire de mélangeurs montés en quadrature [5].

1.10.2 Le récepteur homodyne

Le récepteur homodyne est donnée par la figure 1.7. Il permet de réaliser une transposition directe du signal radio fréquence en bande de base en utilisant un bloc IQ composé de deux mélangeurs montés en quadrature. Le signal issu de l'antenne de réception est filtré par le filtre RF puis amplifié par l'amplificateur à faible bruit. Un bloc IQ va ensuite translater le signal RF en bande de base. Deux convertisseurs analogique-numérique vont alors numériser les signaux en bande de base I et Q.

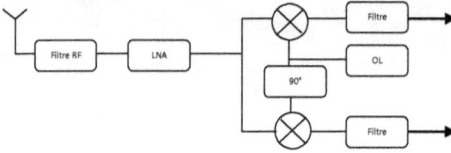

Fig.1.7 Structure d'un récepteur homodyne.

Les inconvénients dus à la présence d'un signal à la fréquence image du signal RF n'existent plus avec une telle structure. En effet, l'oscillateur local et le signal utile ont la même fréquence, la complexité et la consommation sont diminuées puisque l'on a réduit le nombre de composants et pour conclure, l'intégration sur une puce est simplifiée [4].

1.11 Modulations numériques

La modulation a pour but d'adapter le signal à émettre au canal de transmission. En général, la forme d'onde utilisée pour la mise en forme du signal physique dans les transmissions en bande de base est la porte. Dans le cas de transmissions sur porteuse, La modification porte sur un ou plusieurs paramètres d'une onde de forme sinusoïdale d'expression générale :

$$s(t) = A \cos(\omega t + \varphi) \tag{1.6}$$

Celle-ci doit être centrée sur la bande de fréquence du canal. Dans cette expression les paramètres susceptibles d'être modifiés sont:

L'amplitude de l'onde A, la fréquence porteuse $= \frac{\omega}{2\pi}$ ou encore la phase φ.

Dans les procédés de modulation binaire, l'information ne prend que deux valeurs possibles.

Alors que dans les procédés de modulation M-aire, l'information prend sa valeur parmi $M = 2^n$ réalisations possibles, ce qui permet d'associer à un état de modulation un mot de n éléments binaires. L'ensemble de ces symboles est appelé alphabet et forme donc une constellation caractérisant la modulation [1]. En supposant que la source délivre des éléments binaires toutes les T_b secondes, la période du symbole est alors définie par :

$$T_s = nT_b \tag{1.7}$$

Le débit binaire s'exprime

$$D_b = \frac{1}{T_b} \tag{1.8}$$

La rapidité de modulation

$$R = \frac{1}{T_s} = D_b \log_2 M \tag{1.9}$$

Cette dernière s'exprime en bauds et correspond au nombre de changements d'états par seconde d'un ou de plusieurs paramètres modifiés simultanément. Un changement de phase, une excursion de fréquence ou une variation d'amplitude de la porteuse sont par définition des changements d'états [1].

1.11.1 Modulations numériques classiques

Dans la modulation à déplacement d'amplitude, celle-ci suit les variations du signal modulant. Dans la modulation à déplacement de phase (MDP), la phase de l'onde porteuse est susceptible de varier au gré du signal modulant. En ce qui concerne la modulation à déplacement de fréquence (MDF), c'est la fréquence instantanée, qui prend des valeurs différentes. [1].

1.11.2 Modulation d'amplitude en quadrature (MAQ)

Dans la modulation MDA, les points de la constellation sont sur une droite, alors que pour la MDP les points sont sur un cercle comme cela apparait clairement à la figure 1.8. Lorsque le nombre de points M est grand, ces modulations ne constituent pas une solution satisfaisante pour utiliser efficacement l'énergie émise. En effet, la probabilité d'erreur dépend de la distance minimale entre les points de la constellation, c'est pour cela que la meilleure modulation est celle qui maximise cette distance pour une puissance moyenne donnée. Le bon choix est alors une modulation qui répartit les points uniformément dans le plan. Cette solution est donnée par la modulation MAQ. Sa constellation est représentée par la figure 1.9 [1].

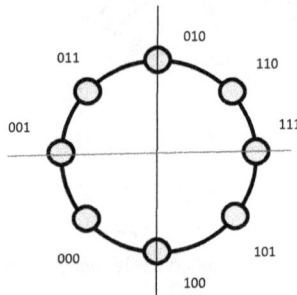

Figure 1.8: Constellation de la modulation 8 PSK

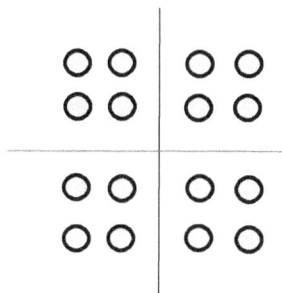

Figure 1.9: Constellation de la modulation MAQ 16

1.12 Conclusion

Quelques généralités sur les transmissions numériques ont été présentées dans ce premier chapitre. Une description détaillée sur la chaîne de transmission classique, de la source binaire jusqu'au destinataire a été donnée. Les différents modèles de canaux de transmission ont été décrits, en particulier les canaux à évanouissements qui sont une caractéristique des communications radio-mobiles. Nous avons aussi abordé l'effet Doppler. Nous avons aussi détaillé la transmission radio fréquences et les différents récepteurs utilisés. Enfin, nous avons donné un aperçu sur les différentes modulations numériques qui sont susceptibles d'être utilisées.

Chapitre 2

La modulation OFDM

Sommaire

2.1 Introduction

La modulation OFDM est un cas bien particulier de transmission multi porteuses. En effet elle permet de multiplexer l'information sur différentes sous-porteuses orthogonales. En faisant la supposition que les bandes passantes de ces sous-porteuses sont assez étroites, alors, les distorsions induites par un canal sélectif en fréquence sont donc limitées à une simple atténuation sur chacune d'elles. Cette propriété est un avantage pour la modulation OFDM par rapport à une transmission mono porteuse puisque le système d'égalisation nécessaire en réception reste fort simple. En réalité, l'orthogonalité des sous-porteuses dans le signal OFDM permet leur recouvrement réciproque sans créer d'interférences. Il accorde donc au système une haute efficacité spectrale. Pour finir, les interférences entre sous-porteuses et les interférences entre trames induites par le canal étant fortement réduites, l'OFDM est une modulation très appréciée pour les transmissions mobiles sans-fil à hauts-débits. L'OFDM présente par conséquent un grand nombre d'avantages par rapport aux systèmes à mono porteuse. Leur robustesse, leur efficacité spectrale ainsi que leur facilité d'égalisation en font, aujourd'hui, une technique particulièrement utilisée. Néanmoins, l'utilisation des sous-porteuses multiples engendre aussi un certain nombre d'inconvénients. En effet, la modulation est très sensible aux erreurs de synchronisation, aux décalages de fréquence des sous-porteuses ainsi qu'aux interférences entre symboles. Les forts niveaux en amplitude de l'enveloppe des signaux OFDM limitent l'utilisation d'amplificateur linéaire. Ces désavantages limitent les performances du système de transmission.

2.2 Historique de l'OFDM

Dans les années 50, on voulait chercher une solution qui permettrait de remédier aux problèmes liés aux multi trajets. Dans Les années 60, la technique de transmission multi porteuse est née [6]. La condition d'orthogonalité fut mise en évidence, ce qui a permis le chevauchement des différents spectres de sous porteuses. Cela a permis une optimisation maximale de la bande occupée par le signal émis. On pouvait donc parler de modulation OFDM comme un type de modulations multi porteuses. En ce temps, pour avoir un haut débit, on devait transmettre à bas débits sur plusieurs sous porteuses.

Les premières conceptions ont été réalisées par Bello et Zimmerman [34]. Pour une bande passante de 3kHz, un débit de 4800 bits/s a pu être été atteint. Celui-ci était réparti sur 34 sous porteuses espacées de 82 Hz. Le nom donné à ce modem était KATHRYN. Dans le but de limiter les interférences causées généralement par l'ionosphère, Ils ont eu recours à l'insertion d'un intervalle de garde.

En 1971, et pour la première fois, Weinstein et Ebert [7] ont utilisés la DFT afin de générer des signaux orthogonaux. Ce qui a considérablement réduit la complexité des systèmes. Après avoir introduit un codage convolutif, les modulations OFDM garantissaient les performances désirées pour le système (DAB). On appela ces modulations COFDM pour Coded OFDM. D'autres codages de canal ont été utilisés, comme le codage Reed-Solomon, en complément ou à la place des codes convolutifs. Enfin, il y a eu l'apparition des turbo-codes.

Hirosaki proposa [35] dès 1980, un récepteur à maximum de vraisemblance pour des porteuses modulées en phase et en amplitude (modulation MAQ) en plus de l'utilisation de la DFT. Cette technique a été appliquée en 1984 dans le but de réaliser un modem ayant un débit de 256 kbits/s dans la bande 60 à 180 kHz.

En 1985, Cimini [36] proposa d'insérer des porteuses appelées aussi " pilotes " afin de pouvoir estimer la réponse fréquentielle du canal de transmission. Ces porteuses étaient régulièrement espacées dans le signal OFDM. En 1987, Ruiz et Cioffi [37], tous deux, ont proposé un schéma d'émission et de réception utilisant respectivement la IDFT et la DFT dans le but de moduler et de démoduler le signal OFDM. De ce fait, Ils ont pu mettre en place les bases de la notion de signal fréquentiel et temporel pour une modulation multi porteuse qui est l'OFDM.

Le développement incessant des DSP a sans aucun doute permis de franchir les problèmes qui sont à l'origine de la mise en œuvre des modulations OFDM. En 1991, l'ETSI a retenu l'OFDM comme la modulation standard utilisée par le (DAB). En 1997, et après de nombreuses études se faisaient concernant la télévision numérique (DVB), la modulation OFDM s'imposa pour ce standard. l'EBU (European Broadcasting Union) a retenu dans un rapport préliminaire l'OFDM comme modulation pour le système (DVB). La norme (DSL) (Digital Subscriber Line) utilise aussi L'OFDM. Ce qui a permis de transmettre des données à hauts débits (entre 1.5 et 8 Mbps) sur des paires torsadées pour l'Internet. L'intérêt de ce procédé réside dans le fait d'envoyer des données à l'aide d'un modem branché directement au câble téléphonique. Dans le cas de l'ADSL (Asymmetric DSL), dont l'application principale est l'internet à haut débit, l'utilisation de la modulation OFDM se justifiée en raison de sa grande efficacité spectrale et ses débits élevés [39].

En 1996, la société TELIA proposa l'OFDM pour être utilisé par le système de communication mobile (UMTS). Ils ont proposé une interface radio basée l'OFDM pour le standard UMTS. Cette proposition a ouvert de larges perspectives dans le domaine du MC-CDMA (Multi-Carriers-Code Division Multiple Access) [3]. Un certain nombre de standards sont apparus pour les WLAN's (Wireless Local Area Network's) entre 1999 et 2001, nous pouvons citer les normes IEEE 802.11a/g, le Wi-Fi ainsi que l' HiperLAN II. Ils ont tous adoptés la modulation multi porteuses OFDM. La combinaison de l'OFDM et le CDMA (MC-CDMA) permet des applications intéressantes. En effet, cette nouvelle technologie combine l'utilisation de l'accès multiple par code (CDMA) et le multiplexage fréquentiel orthogonal (OFDM) tout en optimisant l'encombrement spectral. Ce procédé de modulation fut proposé par la première fois en 1993 [38].

L'amélioration de la technologie Wi-Fi a permis en 2005 d'aboutir au Wi-Max. Son standard est noté IEEE 802.16. Ce système génère un débit théorique de 80

Mbps avec une portée pouvant atteindre 50 Km. Un an plus tard, un nouveau standard est apparu dans le domaine de la Wi-Fi, c'est le 802.11n. En effet, avec l'association de la technique MIMO, Il a permis à la technologie Wi-Fi d'atteindre des débits théoriques entre 100 et 540 Mbps [38]. La modulation OFDM basées sur la technologie (Ultra Wide Band) a été adoptée par l'alliance WiMedia pour les communications à très haut débit (480 Mbps) et à courte portée (10 m) au début de l'année 2006 [38]. Les améliorations du système Wi-Fi représentent de nouvelles applications pour les réseaux (WLAN) en ce qui concerne l'accès à internet. Le procédé de modulation OFDM s'est imposé de plus en plus dans les systèmes de transmission en raison de sa robustesse dans les environnements urbains ainsi qu'à son débit élevé.

2.3 Principe de la modulation multi-porteuse

Dans un canal multi trajets, de nombreuses répliques ou échos de l'onde émise sont reçues avec différentes amplitudes et divers retards. Ce qui a pour conséquence l'apparition d'interférence entre les symboles reçus. Ils sont appelé interférence inter-symbole (ISI). Les techniques de modulation qui transmettant sur des canaux multi trajets sont particulièrement sensibles à ce genre d'interférences. Si la durée d'un symbole est petite par rapport à l'étalement des retards du canal, ces interférences sont d'autant plus importantes. Ce qui veut dire que, la fiabilité de la transmission est meilleure si la durée des symboles utiles transmis est grande par rapport à l'étalement maximum des retards du canal. Un compromis doit être trouvé entre le débit lié à la durée du symbole et la fiabilité de la liaison liée à l'interférence inter-symbole. Dans le but de limiter le recouvrement entre les sous-porteuses dans les systèmes FDM, une solution évidente est l'augmentation de l'espacement entre les bandes occupées. Le multiplexage de fréquence permet de répartir l'information à transmettre à fort débit sur un très grand nombre de sous porteuses modulées à bas débit. Il existe, à l'heure actuelle, deux façons de répartir cette information.

La première est le multiplexage par division de fréquence (FDM) et la seconde l'utilisation du multiplexage par division de fréquence Orthogonale (OFDM).

La FDM n'est pas optimale en termes d'occupation spectrale car, elle conduit à l'occupation d'une bande fréquentielle souvent deux fois plus importante que dans le cas d'un système mono-porteuse. De plus, il est difficile de réaliser et de mettre en application un grand nombre de filtres assortis. Quant à l'OFDM, son efficacité spectrale est maximale car elle tolère un chevauchement des spectres. Ce chevauchement est toléré dans la condition où on respecte les conditions d'orthogonalité entres les différentes sous-porteuses. Le principe des modulations multi-porteuses repose sur la transmission simultanée de plusieurs symboles en parallèle.

En modulant sur N sous-porteuses, il est donc possible d'utiliser des symboles plus longs tout en conservant le même débit qu'avec une modulation mono-porteuse. Si la valeur des symboles est assez grande, cela a pour conséquence une durée des symboles plus grande devant l'étalement des retards du canal, et des perturbations liées aux échos négligeables. Pour que le signal modulé puisse avoir une grande efficacité spectrale, il faut que les fréquences des sous porteuses soient les plus proches possibles, tout en garantissant que le récepteur soit capable de les démoduler et de retrouver le symbole numérique émis sur chacune d'entre elles. Il est donc nécessaire d'utiliser des porteuses orthogonales. La figure 2.1 donne un aperçu sur le spectre du signal FDM. Ceci est vérifié si le spectre d'une sous-porteuse est nul aux fréquences centrales des autres sous-porteuses. La bande spectrale B, allouée à la transmission, est partagée entre les différentes sous-porteuses. Dans ce cas-là, chaque sous-porteuse occupera une bande de fréquence inférieure à la bande de cohérence du canal Bc.

Toutefois, la condition d'orthogonalité n'est plus maintenue à l'entrée du récepteur, du fait de l'interférence entre symboles (ISI) et de l'interférence entre porteuses (ICI), résultant des trajets multiples du canal de transmission.

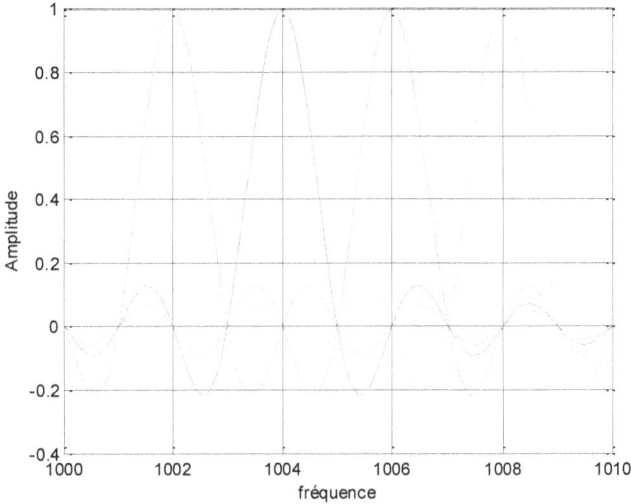

Figure 2.1: Spectre d'un signal FDM pour N = 4 porteuses

En insérant un intervalle de garde entre chaque symbole OFDM transmis, on résout ce problème en perdant une petite partie de l'énergie de transmission [8].

2.4 Orthogonalité des sous porteuses

2.4.1 Notion d'orthogonalité

On dit que deux fonctions $f(t)$ et $g(t)$ sont orthogonales dans l'intervalle $[a, b]$ si la relation suivante est satisfaite :

$$\int_a^b f(t)g(t)dt = 0 \qquad (2.1)$$

Cela signifie que ces deux fonctions sont indépendantes sur le ségment $[a, b]$. Afin de réaliser une base orthogonale à N dimensions, il suffit de trouver N fonctions orthogonales deux à deux. Un ensemble de N fenêtres rectangulaires régulièrement espacés constitue une base orthogonale. L'orthogonalité est la propriété fondamentale qui permet de transmettre des signaux d'information multiple dans un même canal et de les détecter sans interférences.

2.4.1.1 Orthogonalité temporelle : Application à l'OFDM

Dans le domaine temporel, un signal OFDM est composé d'une somme de N sinusoïdes de fréquences respectives f_k, transmises durant une durée T_u, $k = 0,1, \dots, N-1$.

$$f_k = \frac{k}{T_u} \tag{2.2}$$

Chaque sous porteuse peut se mettre sous la forme :

$$s_k(t) = \sin\left(2\pi \frac{k}{T_u} t\right) \qquad 0 < t < T_u \tag{2.3}$$

Ainsi deux sous porteuses $s_i(t)$ et $s_j(t)$ de fréquences respectives f_i et f_j sont orthogonales sur l'intervalle $[0, T_u]$.

$$\int_0^{T_u} \sin\left(2\pi \frac{i}{T_u} t\right) \sin\left(2\pi \frac{j}{T_u} t\right) dt = 0 \tag{2.4}$$

La figure 2.2 donne un aperçu sur 3 sinusoïdes orthogonales entres elles sur le segment $[0, 2\pi]$.

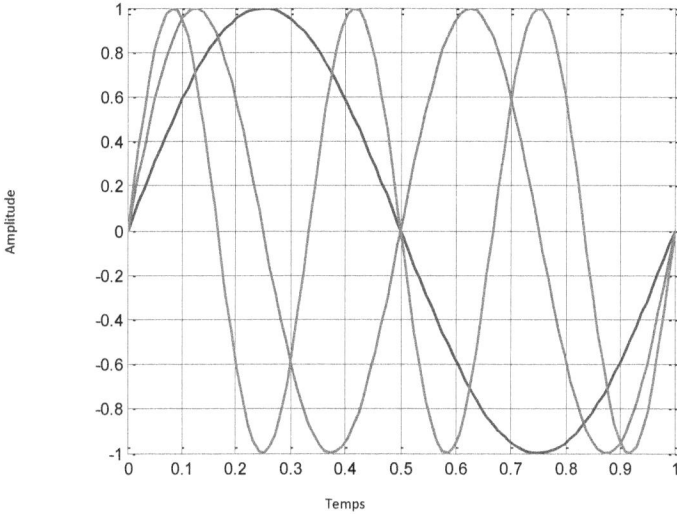

Figure 2.2 : Sinusoides orthogonales entres elles

2.4.2.2 Orthogonalité fréquentielle : Application à l'OFDM

La notion d'orthogonalité du signal OFDM est perçue dans le domaine fréquentiel. En réalité, si chaque sous porteuse $s_k(t)$ est transmise pendant la durée T_u, cela veut dire que l'on a appliqué à la sous porteuse, une porte de durée T_u dont l'enveloppe spectrale est un sinus cardinal qui s'annule aux fréquences respectives $f_k - \frac{1}{T_u}$ et $f_k + \frac{1}{T_u}$. Ce spectre est tracé par la figure 2.3.

L'orthogonalité dans le domaine fréquentiel est réalisée car le maximum de chaque sous porteuse correspond à un zéro des autres sous porteuses. Cette condition permet d'avoir une occupation spectrale idéale et d'éviter les interférences entre sous porteuses.

La figure 2.4 montre comment les différents spectres coexistent sans pour cela qu'il existe des interférences entres eux. Le tracé en gras indique le spectre résultant de la modulation OFDM.

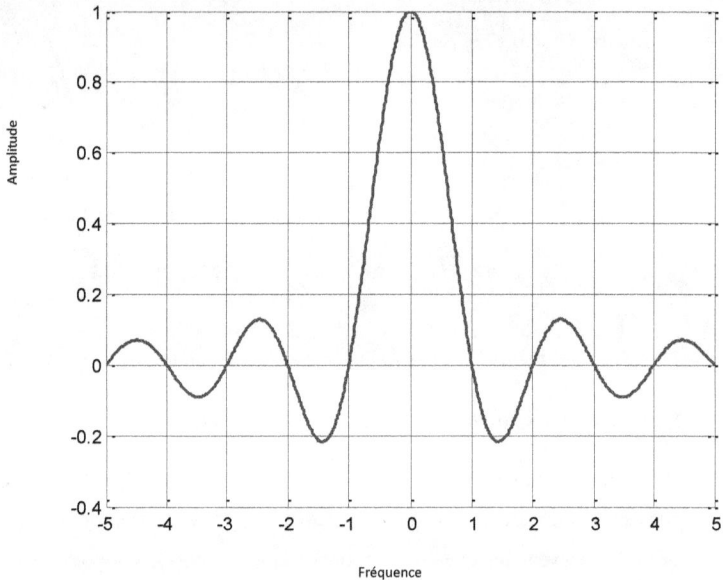

Figure 2.3 : Spectre de la fonction rectangulaire

La réponse fréquentielle de chaque sous-porteuse sinusoïdale est un sinus cardinal. Cela est due au fenêtrage temporel par une fonction porte de durée T. La réponse en sinus cardinal possède un lobe central de grande amplitude et de largeur $1/T$ alors que les multiples lobes secondaires ont une amplitude qui décroît avec l'éloignement de la fréquence centrale, comme le montre la figure 2.4. La propriété d'orthogonalité fait correspondre, à chaque fréquence centrale d'un lobe principal d'une sous-porteuse donnée, une amplitude nulle pour les autres sous porteuse.

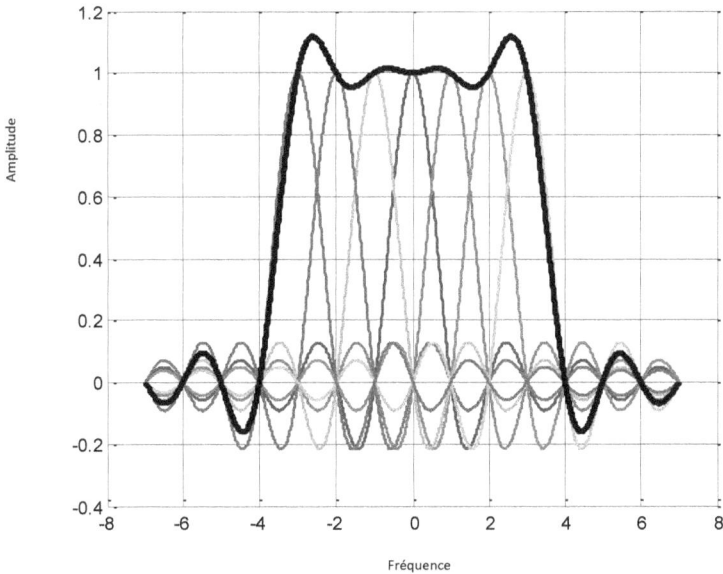

Figure 2.4 : Spectre d'un signal OFDM à N=7 sous porteuses

Lors de la détection des signaux, la condition de synchronisation doit être pleinement assurée. La décision se situe alors au sommet de ces lobes principaux. L'efficacité spectrale de la modulation OFDM est ainsi maximisée en réduisant au maximum l'espace entre les sous-porteuses, ce qui a pour conséquence la réduction de l'occupation de l'information sur la bande du signal [9].

2.5 Le signal OFDM

On veut transmettre un signal provenant d'une modulation QAM (par exemple):

$$X^T(k) = [X(0), X(1), \ldots, X(N-1)] \tag{2.5}$$

Ce signal série est transformé en un signal parallèle, il s'écrit sous la forme :

$$X(k) = \begin{bmatrix} X(0) \\ X(1) \\ \vdots \\ X(N-1) \end{bmatrix} \tag{2.6}$$

Chaque élément de $X(k)$ est modulé par la porteuse $exp(j2\pi f_k t)$. Le signal OFDM est par conséquent la somme des N sous porteuses orthogonales entre elles.

Au niveau de l'émetteur, le signal s'écrit :

$$x(t) = \sum_{k=0}^{N-1} X(k) exp(j2\pi f_k t) \tag{2.7}$$

Les fréquences ont pour valeurs :

$$f_k = \frac{k}{T_u} \tag{2.8}$$

Après échantillonnage à la valeur:

$$t = \frac{nT_u}{N} \tag{2.9}$$

Le signal à la sortie de la IFFT est donné par la relation :

$$x(n) = \sum_{k=0}^{N-1} X(k) exp\left(j2\pi \frac{nk}{N}\right) \tag{2.10}$$

Le synoptique du modulateur est donné par la figure 2.5.

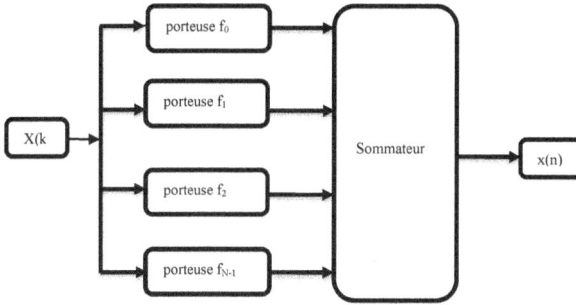

Figure 2.5 : Synoptique d'un modulateur OFDM

Le signal $x(n)$ se propage à travers le canal de transmission, le signal reçu est noté y(n). Pour récupérer les symboles, on applique la FFT:

$$Y(k) = \frac{1}{N} \sum_{k=0}^{N-1} y(n) exp\left(-j2\pi \frac{nk}{N}\right)$$ (2.11)

Le synoptique du démodulateur OFDM est donné par la figure 2.6.

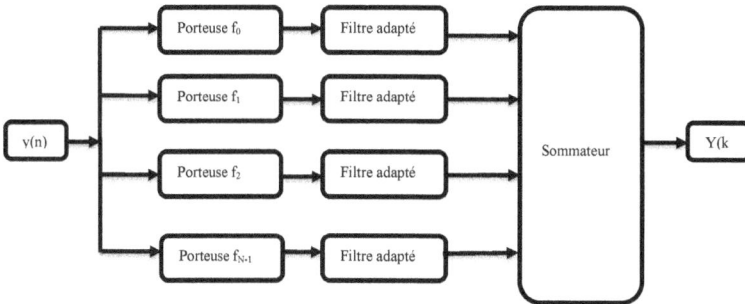

Figure 2.6 : Synoptique d'un démodulateur OFDM

Proposée pour première fois par Weinstein et Ebert [7], la transformée de Fourier a été utilisée pour moduler et démoduler le signal OFDM. C'est grâce au progrès des circuits DSP et à l'utilisation d'algorithmes rapides de transformée de Fourier que l'on a pu éliminer les bancs d'oscillateurs qui auparavant était incontournables pour générer les signaux de l'OFDM.

2.6 Complexité de l'implémentation

Afin d'effectuer une DFT de N points, nous avons besoin au total de N^2 multiplications complexes [10]. Si l'on considère que la complexité d'un additionneur est insignifiante si on la compare à celle d'un multiplieur, alors seules les opérations de multiplication sont prises en compte pour la comparaison. La FFT réduit de façon significative la quantité de calculs à effectuer en exploitant la régularité des opérations de la DFT. Dans le cas où N est une puissance de 2, l'utilisation de l'algorithme radix-2 ne requiert que $\frac{N}{2} log_2(N)$ multiplications complexes. C'est ainsi que pour une transformée de 16 points, une DFT requiert 256 multiplications complexes contre seulement 32 pour la FFT. Une réduction d'un facteur égal à 8 a été faite. Cette différence augmente avec le nombre de sous-porteuses étant donné que la complexité de la DFT croît de façon quadratique avec N alors que celle de la FFT n'est caractérisée que par une croissance pratiquement linéaire. L'algorithme radix-4 est applicable à des nombres N puissances de 4. Il permet de réduire encore le nombre d'opérations complexes. Ce qui explique le choix du nombre de sous porteuses utilisées dans les standards : N = 64, 256, 1024. De plus, la FFT ne requiert que des rotations de phase qui peuvent être facilement implémentées et non pas de multiplications complètes. Aussi, les rotations de phase ne changent pas l'amplitude, ce qui permet aux signaux de garder la même dynamique, ce qui simplifie le design en virgule fixe. Ces considérations sont les mêmes pour l'IFFT puisque les deux opérations sont pratiquement identiques. En réalité, une IFFT peut s'obtenir en effectuant une FFT en conjuguant l'entrée et la sortie et en divisant la sortie par la taille de la FFT. Ainsi, il est donc possible d'utiliser le même hardware pour l'émetteur et le récepteur, à condition que l'émission et la réception ne soient pas simultanées.

2.6.1 Algorithme de la FFT

Cooley et Tukey proposèrent en 1965, une méthode qui permet de diminuer le temps de calcul de la Transformée de Fourier Discrète (TFD) d'une suite dont le nombre d'échantillons N est décomposable en facteurs. Par la suite, plusieurs algorithmes ont été proposés et publiés; ils portent le nom de transformation de Fourier rapide (FFT : Fast Fourier Transform). Tous ces algorithmes se basent sur le même principe qui consiste à décomposer le calcul de la TFD en différentes TFD dont la longueur est inférieure à la première. La mise en œuvre de ce principe aboutit à différentes méthodes qui permettent d'obtenir des performances similaires [10].

Afin de calculer une TFD, on doit calculer N valeurs X(k) donné par la relation:

$$X(k) = \sum_{n=0}^{N-1} x(n) \exp\left(-\frac{2\pi jnk}{N}\right) \qquad (2.12)$$

$$k = 0,1, \dots, N-1$$

Si on effectue le calcul de la TFD, il faudrait effectuer N^2 multiplications complexes ainsi que N(N-1) additions complexes. Il existe différents algorithmes de FFT. Le plus connu d'entre eux est bien entendu celui de Cooley-Tukey [17].

Nous allons tout d'abord illustrer la méthode pour N = 2.

$$X(k) = \sum_{n=0}^{1} x(n) \exp\left(-\frac{2\pi jnk}{N}\right)$$

$$X(k) = x(0) + x(1) \exp(-j\pi k)$$

On déduit alors que :

$$X(0) = x(0) + x(1)$$

$$X(1) = x(0) - x(1)$$

L'algorithme sera donc composé de deux opérations, une addition et une soustraction comme le montre la figure 2.7.

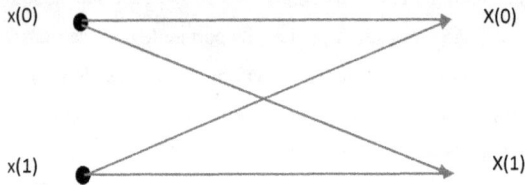

Figure 2.7: Algorithme de la FFT (Radix 2) pour N = 2

Illustrons maintenant la méthode pour N = 4, et posons

$$w = e^{-j\frac{2\pi}{4}} \tag{2.13}$$

La suite TFD s'écrit alors :

$$X(0) = x(0) + x(1) + x(2) + x(3) = \big(x(0) + x(2)\big) + \big(x(1) + x(3)\big)$$

$$X(1) = x(0) + w^1 x(1) + w^2 x(2) + w^3 x(3)$$

$$X(1) = \big(x(0) - x(2)\big) + \big(w^1(x(1) - x(3))\big)$$

$$X(2) = x(0) + w^2 x(1) + w^4 x(2) + w^6 x(3)$$

$$X(2) = \big(x(0) + x(2)\big) - \big(x(1) + x(3)\big)$$

$$X(3) = x(0) + w^3 x(1) + w^6 x(2) + w^9 x(3)$$

$$X(3) = \big(x(0) - x(2)\big) - w^1\big(x(1) - x(3)\big) \qquad (2.14)$$

Les données $(x(0), x(1), \ldots, x(N-1))$ sont regroupées en 2 paquets: le premier paquet, formé des données d'indices pairs $(x(0), x(2), \ldots, x(N-2))$ et le second paquet, formé des données d'indices impairs $(x(1), x(3), \ldots, x(N-1))$.

Soit pour $N = 4$, un paquet $(x(0), x(2))$ et un paquet $(x(1), x(3))$ (voir figure 2.8). Puis sur chaque paquet on effectue une DFT d'ordre $N/2$ et on combine les résultats de ces 2 DFT pour obtenir celle d'ordre N. Ce qui donne, toujours pour $N = 4$:

Pour obtenir les 4 valeurs $X(k)$, il suffit donc de calculer 2 DFT d'ordre $N/2 = 2$ ensuite combiner les résultats 2 à 2 en utilisant une addition et une multiplication au maximum, pour chaque valeur $X(k)$. Cette étape est appelée étage de 'papillons', pour des raisons qui sont évidemment liées à la forme du schéma de calcul. Ce résultat se généralise à toute valeur de N multiple de 2.

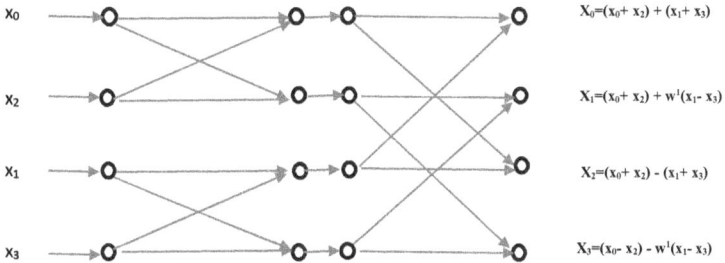

Figure 2.8 : Algorithme de la FFT (Radix 2) pour $N = 4$

En dernier lieu, illustrons l'algorithme pour N = 8 (voir figure 2.9). De même que pour N = 4, afin d'obtenir une FFT d'ordre N = 8, on combine les résultats de deux FFT d'ordre N= 4, lesquels sont obtenus de 4 FFT d'ordre N= 2.

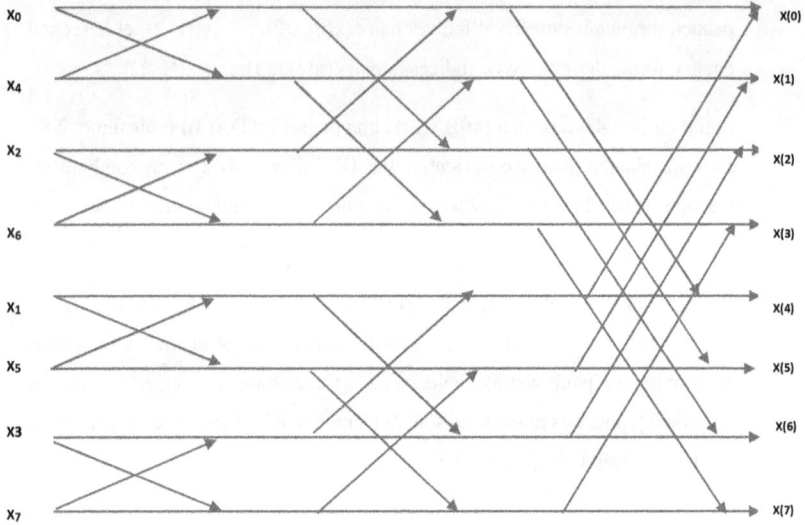

Figure 2.9 : Algorithme de la FFT (Radix 2) pour N = 8

Généralement, le problème initial est ainsi ramené à deux sous problèmes: le calcul de la TFD des deux suites de $N/2$ points. Ces deux problèmes sont eux-mêmes divisés en problèmes élémentaires de $N/4$ points, et ainsi de suite.

2.7 L'intervalle de garde

Une solution évidente pour réduire l'ISI, est de réduire le nombre N de sous-porteuses afin d'augmenter la durée symbole T_u. Cependant, la durée T_u de chaque symbole OFDM doit rester très inférieure au temps de cohérence du canal et par conséquent l'élimination totale de l'ISI par cette méthode n'est pas réalisable. Une des solutions proposées est de sacrifier volontairement une partie de l'énergie émise en insérant entre chaque symbole OFDM un intervalle de garde qui a pour fonction l'absorption de l'ISI résiduelle. L'intervalle de garde est un intervalle de temps durant lequel aucune donnée utile n'est émise. Sa durée T_g doit être supérieure ou au maximum égale à l'étalement maximal des retards de la réponse impulsionnelle du canal, et par conséquent, la partie utile de durée T_u de chaque symbole OFDM ne sera alors pas affectée par l'ISI (voir figure 2.10). Après avoir insérer l'intervalle de garde, l'espacement entre les sous-porteuses reste égal à f = 1/Tu, ce qui implique que la durée des symboles OFDM est augmentée à Ts = Tu + Tg ce qui entraîne alors une perte d'orthogonalité entre les sous-porteuses.

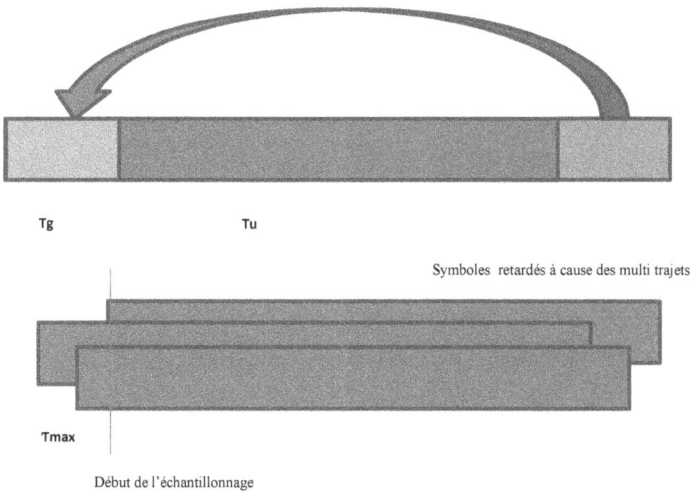

Figure 2.10: Intervalle de garde

Cette orthogonalité peut être restaurée au niveau du récepteur sous la condition que pendant le fenêtrage rectangulaire de durée T_u sur laquelle est appliquée la

FFT, le nombre de périodes de chacun des signaux sinusoïdaux composant le signal OFDM soit entier. Il existe deux techniques qui permettent de restaurer l'orthogonalité entre les sous-porteuses au niveau du récepteur. La première, est appelée préfixe cyclique. Elle consiste à ajouter de la redondance au signal temporel à émettre. La seconde est appelée Zero-Padding. Elle consiste quant à elle à insérer des échantillons de valeur nulle entre les symboles OFDM [11].

2.7.1 Le préfixe cyclique

L'intervalle de garde précède chaque symbole OFDM. Cependant, il ne peut rester muet. En effet, dans le cas d'une propagation à travers un canal dispersif en temps, il sera impossible d'avoir au niveau du récepteur un nombre entier de périodes durant la fenêtre temporelle Tu pour les trajets retardés. Et par conséquent, pour une fréquence porteuse donnée, la sinusoïde retardée correspondante ne sera présente dans cette fenêtre que sur une durée Tr < Tu, ce qui en d'autres termes revient à effectuer le fenêtrage sur une durée Tr. Cependant, ce fenêtrage qui génère un spectre en sinus cardinal pour chacune des sous-porteuses du signal, ce qui conditionne par sa durée la largeur des sinus cardinaux. La réduction de la durée du fenêtrage implique bien entendu une augmentation de la largeur des sinus cardinaux (1/Tr > 1/Tu), ce qui a pour conséquence directe la perte d'orthogonalité entre les sous-porteuses, et donc conduit ainsi à l'apparition d'interférences inter porteuses (ICI). C'est ainsi, qu'une copie de la fin du symbole sera transmise durant cet intervalle de garde. Nous pouvons donc parler de préfixe cyclique. Cela va permettre de conserver un nombre entier de cycles pendant la fenêtre d'intégration Tu et par conséquent assurer l'orthogonalité entre les sous-porteuses limitant ainsi au maximum l'ICI [11].

2.7.2 Le Zero-Padding

Le Zero-Padding (ZP) est une technique qui consiste à insérer un intervalle de garde nul à la fin de chaque symbole OFDM. Ce procédé a été utilisé dans l'approche Multi-Bandes OFDM (MB-OFDM). A la sortie de la IFFT et à la fin de chaque symbole OFDM, une série de D échantillons nuls est ajoutée [11].

2.8 Le codage de canal

Lors de la phase de transmission sur le canal, les informations peuvent être perdues pour le récepteur. Dans de remédier à cela et d'améliorer la qualité de la transmission, il devient alors nécessaire d'utiliser un codage correcteur d'erreur. Dans un codage de canal, on introduit de la redondance dans le message à transmettre, suivant une loi donnée. Cette redondance permet au récepteur de reconstituer sous certaines conditions les informations perdues lors de la transmission et cela grâce à la corrélation qui les lie aux informations correctement reçues. Ce procédé est appelé COFDM. Les codes utilisés pour effectuer l'opération de codage de canal se classent dans le cas général en deux catégories : Les codes en blocs et les codes convolutifs. Pour le premier, on associe à chaque bloc de Ne bits d'information, le codeur Ns bits codés. Le codage d'un bloc est indépendant des précédents. Pour le second, à Ne bits d'information le codeur associe Ns bits codés, mais différemment du cas précédent, le codage d'un bloc de Ne bits dépend pas seulement du bloc présent mais également de tous les blocs précédents. Le rendement du code est défini par le rapport $R = Ne/Ns < 1$. Le codeur introduit donc de la redondance qui se traduit par une augmentation du débit d'un facteur $1/R$ entre l'entrée et la sortie du codeur.

2.9 Avantages et Inconvénients de l'OFDM

2.9.1 Avantages

Initialement, la modulation OFDM a été pensée dans le but de lutter contre les multi trajets caractérisés par des évanouissements. L'OFDM permet de diminuer les Interférence Inter Symboles (ISI) et garantit des débits binaires assez élevés. L'encombrement spectral est optimisé et le canal de transmission est invariant localement ce qui facilite la réalisation d'une égalisation fréquentielle [3].

2.9.1.1 Faible ISI

En ajoutant un intervalle de garde, on augmente la robustesse du signal OFDM vis-à-vis des trajets multiples.

Ce qui permet d'avoir au niveau du récepteur une ISI minimale. En d'autres termes, cela veut dire que les symboles OFDM qui arrivent au récepteur n'interfèrent pas ou du moins très faiblement aux instants d'échantillonnage.

2.9.1.2 Encombrement spectral optimal

L'orthogonalité des N sous-porteuses permet de faire chevaucher leurs bandes fréquentielles, ce qui a pour conséquence directe une optimisation de l'occupation spectrale du signal modulé.

2.9.1.3 Canal invariant localement

La bande passante de chaque sous-porteuses est petite comparé à la totalité de la bande passante du signal OFDM. La réponse fréquentielle du canal de transmission est considérée comme plate au niveau de chaque sous-porteuse. L'évanouissement fréquentiel dû au canal est donc de type (flat fading), c'est-à-dire que l'évanouissement est lent.

2.9.1.4 Égalisation fréquentielle simple

L'égalisation du signal OFDM est réalisée par une simple multiplication. La structure par zéro-forcing (ZF) utilise une technique d'inversion de l'affaiblissement subit par chaque sous-porteuse. L'égalisation est menée en considérant

$$G = \frac{1}{H} \qquad\qquad (2.15)$$

2.9.2 Inconvénients

Les principaux inconvénients de l'OFDM se résument généralement dans deux paramètres : Le décalage de la fréquence porteuse et la fluctuation de l'enveloppe du signal OFDM [3].

2.9.2.1 Le décalage fréquentiel

Le décalage fréquentiel résulte de la différence de fréquence entre l'oscillateur de l'émetteur et celui du récepteur. Cette différence est causée essentiellement par les imperfections des oscillateurs locaux et par l'effet Doppler présent dans les canaux radio mobiles. Ce décalage génère des interférences entre porteuses qui a pour conséquence la destruction de l'orthogonalité entre les sous porteuses.

2.9.2.2 Le PAPR

Un signal de type OFDM présente de larges fluctuations d'enveloppe comme le montre la figure 2.11. La conséquence directe est d'avoir un PAPR élevé. Le PAPR est défini comme étant la variable qui mesure la puissance instantanée d'un signal par rapport à sa puissance moyenne.

Amplitude

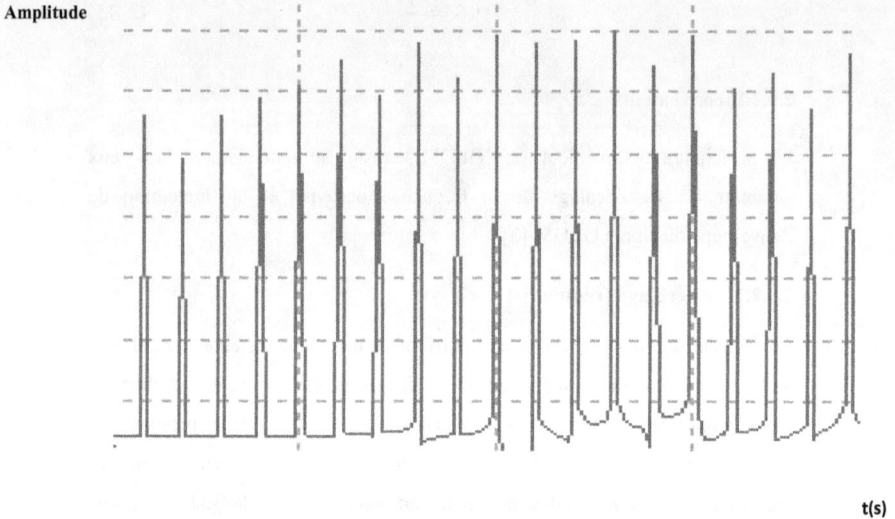

t(s)

Figure 2.11: Enveloppe d'un signal OFDM

Le niveau de PAPR caractérise, la dynamique d'un signal. Il est défini par le rapport [3]:

$$PAPR = \frac{max\ |x(t)|^2}{E[|x(t)|^2]} \qquad (2.16)$$

Cela va exiger une grande linéarité de la chaîne de transmission, particulièrement au niveau de l'amplificateur de puissance qui dans le cas contraire, présentera un rendement médiocre. Ce qui est bien entendu incompatible avec une consommation optimisée pour une application mobile. En outre, la caractéristique de transfert non-linéaire de l'amplificateur génère une distorsion dans la bande du signal OFDM. Cette distorsion aura un impact sur les différentes sous porteuses qui vont interférer entres elles. Cela va générer une dégradation des performances du système de transmission OFDM. Il devient alors indispensable d'avoir recours à des techniques qui permettent de linéariser les amplificateurs ou à des techniques de réduction et de limitation du PAPR pour le signal OFDM.

2.10 Application de l'OFDM

Le principe de la modulation multi-porteuse est basé sur le multiplexage fréquentiel (FDM). Il a été proposé pour la première fois par M. L. Doeltz et al. à la fin des années 1950. Ils présentèrent un modem fonctionnant en haute fréquence et qui émettait simultanément sur différentes fréquences porteuses modulées à bas débits. Après plusieurs années de développement, l'OFDM est aujourd'hui présente dans de nombreux standards tels que la radiodiffusion numérique terrestre (DAB), la norme de télévision numérique terrestre (DVB-T), la technologie ADSL, les réseaux sans-fils WLAN définis par les normes IEEE 802.11a, 802.11b (WiFi) ainsi que les réseaux d'accès 802.16 (WiMAX). Un réseau sans fil est un réseau dans lequel plusieurs terminaux peuvent communiquer sans liaison filaire. Les réseaux sans fil ont permis aux utilisateurs de rester connectés tout en se déplaçant dans un périmètre géographique donné. C'est la taille de la zone géographique à couvrir qui permet de diviser les réseaux sans fil en plusieurs catégories.

Nous pouvons distinguer:

Les réseaux personnels sans fil (WPAN) [2], les réseaux locaux sans fil (WLAN) [2], les réseaux métropolitains sans fil (WMAN) et les réseaux étendus sans fil (WWAN) [2]. Chacune de ces catégories regroupe différents standards de communication. Ils permettent de relier les équipements distants d'une dizaine de mètres et pouvant atteindre quelques kilomètres. Dans le but d'offrir au client le maximum de services tout en lui garantissant un débit et une qualité de service maximale, les constructeurs veulent proposer des terminaux mobiles qui intègrent plusieurs standards tout en étant capables de gérer cette cohabitation. Le réseau local sans fil (WLAN pour Wireless Local Area Network) est un réseau qui permet de couvrir l'équivalent d'un réseau local d'entreprise, ce qui est équivalent à une portée de l'ordre d'une centaine de mètres. Ayant un fonctionnement cellulaire, il est capable de relier les terminaux présents dans une zone de couverture donnée à partir de points d'accès reliés à un réseau fixe [2].

2.10.1 WiFi

Le WiFi (Wireless Fidelity) est le nom commercial relatif à la norme IEEE 802.11b [2]. C'est une technologie qui attire un grand nombre de sociétés liées au monde des télécommunications et d'Internet. Les collectivités locales ainsi que les particuliers profitent de l'accès facile à Internet haut débit liée à cette norme. Le WIFI désigne les différentes déclinaisons de la norme IEEE 802.11, tel la norme 802.11a et 802.11g. Le débit théorique de la WIFI atteint 11 Mb/s pour une portée égale à 50 mètres. Toujours dans le souci d'apporter des améliorations en termes de débit et de sécurité, un certain nombre de déclinaisons de la norme 802.11 ont vu le jour. On retrouve alors:

• 802.11a : Cette norme permet d'atteindre un débit de 54Mb/s dans la gamme de fréquence des 5GHz grâce l'utilisation de la technologie OFDM,

• 802.11g : c'est la norme la plus utilisée parce qu'elle permet d'offrir un fort débit (54 Mbit/s théoriques, 25 Mbit/s réels) sur la bande de fréquences des 2,4 GHz.

• 802.11n : Grâce à la technologie MIMO (Multiple Input Multiple Output) et à l'OFDM, cette nouvelle norme prévoit un débit théorique pouvant atteindre les 600 Mbit/s. Le débit réel n'étant que de 100 Mbit/s dans un rayon de couverture pouvant atteindre 90 mètres. Les réseaux métropolitains sans fil (WMAN pour Wireless Metropolitan Area Network) sont des réseaux qui sont destinés à connecter des entreprises, mais encore des particuliers à leurs opérateurs de téléphonie fixe, internet ou encore la télévision. Cette connexion s'étend sur la métropole par voie hertzienne. Les WMAN, aussi appelées Boucle Local Radio (BLR), ont pour objectif d'offrir aux abonnés les mêmes performances en termes de débit et de qualité de service que les réseaux filaires classiques, cela bien évidement, en diminuant au maximum les coûts des installations [2].

2.10.2 WiMAX

Le nom commercial de la norme IEEE 802.16 est le WiMAX. Cette norme est destinée aux réseaux métropolitains WMAN. Le but est de pouvoir fournir un accès sans fil à l'Internet haut débit avec une portée allant jusqu'à 15 km pour des zones urbanisées de faible densité. Le mode de communication étant le point à multipoint. Le but est de viser les différents supports qui peuvent être soit le fixe, le portable ou encore le mobile. Les principaux avantages de cette application sont qu'elle ne nécessite pas de câblage et que sa mise en place peut se faire en un temps minime [2]. Dans sa première version IEEE 802.16 et qui a été publiée en 2001, la norme WiMAX travaillait dans la bande comprise entre 10 GHZ et 66 GHz. La faible longueur d'onde des signaux imposait donc une configuration LOS. Cela ne permettait pas le développement de la WIMAX en milieu urbain. Elle a été complétée en 2003 par la version IEEE 802.16a en lui ajoutant une extension de la bande de fréquences de 2 à 11 GHz. Ce qui lui a permis d'utiliser des systèmes dans des configurations NLOS grâce à l'utilisation d'une modulation OFDM. Toutes ces normes ont été réalisées et réécrites dans la version de 2004 de la norme IEEE 802.16d pour des applications fixes. La version IEEE 802.16e est venue compléter en 2005 la précédente norme avec l'ajout de la solution mobile [2].

2.10.3 Long Term Evolution (LTE)

Le Projet de partenariat de troisième génération (3GPP) est un organisme de normalisation international qui a pour but de travailler sur la spécification du réseau 3G accès radio terrestre universel (UTRAN) et le Global System for Mobile communications (GSM). LTE est la prochaine étape majeure en communication radio mobile. Il est préconisé pour être l'un des meilleurs candidats pour la 4ème génération de la téléphonie mobile et de transfert de données sans fils. Son développement a débuté en 2004 par le 3GPP et par plusieurs constructeurs et opérateurs européens. L'objectif majeur de LTE est l'amélioration de la 3G UMTS. Il possède de larges ambitions concernant l'efficacité spectrale, l'amélioration des services comme les conférences vidéo et VoIP de communication, ainsi que son intégration dans d'autres normes.

2.11 Combinaison de modulations OFDM

2.11.1 MIMO-OFDM

Dans le but d'augmenter le débit ainsi que la portée des réseaux sans fil, la technique MIMO est apparue dans les années 90 par Gerard. J. Foschini. Le principe reste assez simple, il repose sur l'utilisation de plusieurs antennes au niveau de l'émetteur ainsi qu'au niveau du récepteur. Le synoptique d'une liaison utilisant la technique MIMO est illustré par la figure 2.12.

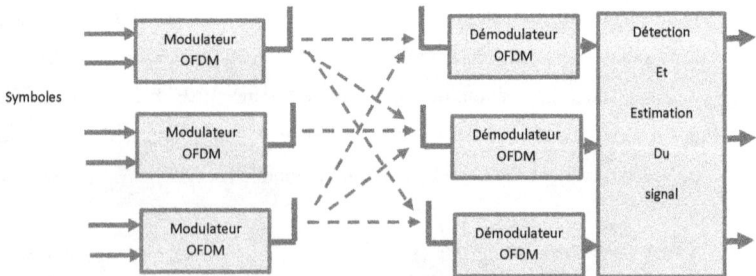

Figure 2.12 : Principe MIMO

Cette technique a l'avantage d'atteindre des débits importants sans pour cela augmenter la largeur de la bande alloué au signal ni sa puissance d'émission. La diversité est apportée par le fait d'utiliser plus d'une antenne des deux côtés du système. Lors de la transmission utilisant la technique MIMO, plusieurs répliques d'une même information sont transmises sur plusieurs canaux avec des puissances comparables et des évanouissements indépendants, et par conséquent, il y a de fortes chances pour qu'au moins un des signaux reçus ne soit pas atténué, rendant ainsi possible une transmission avec un rapport signal à bruit satisfaisant.

2.11.2 MB-OFDM

L'Alliance WiMedia a proposé un découpage de la bande de fréquences en 14 sous-bandes, chacune de ces sous bandes possédant une largeur de bande égale à 528 MHz. Ces sous-bandes ont été rassemblées sous forme de groupes, comme le montre la figure 2.13. Les quatre premiers groupes contiennent chacun trois sous-bandes alors que le cinquième n'en contient que deux. Ce découpage permet de réduire la complexité et donc les coûts des différents composants [11]. Le symbole OFDM est généré par une IFFT de 128 points. Sur les 128 sous-porteuses, 100 sont attribuées aux données utiles, 12 aux pilotes et 10 aux intervalles de gardes.

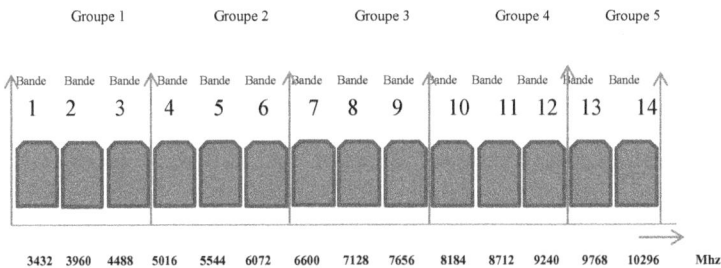

Figure 2.13 : MB-OFDM

L'intervalle inter-porteuse est égal à $\Delta f = 4125\ Mhz$. Cet intervalle permet de respecter la condition d'orthogonalité du multiplex OFDM. La durée du suffixe de type zero-padding possède une durée égale à T$_{zps}$ = 70.08 ns. Elle est équivalente à 37 échantillons. Les 32 premiers échantillons sont consacrés à l'intervalle de garde ce qui représente une durée de T$_{zp}$ = 60.61 ns. Les dernières 9.47 ns étant utilisées pour effectuer le changement de fréquence d'émission des symboles OFDM. Chaque symbole OFDM transmis a une durée égal à Ts = 312.5 ns et possède 165 échantillons.

2.12 Conclusion

Ce chapitre pose les différents principes de base, sans lesquels, la compréhension des systèmes utilisant la modulation multi porteuse OFDM sera compromise. La grande popularité de l'OFDM dans les différents standards de communications est fortement liée à ses différents avantages. Le fait d'utiliser la transformée de Fourier pour la génération des signaux OFDM a permis une diffusion diversifiée de l'information sur les sous-porteuses ainsi qu'une implantation simplifié de la modulation. Associée à l'orthogonalité des sous-porteuses, l'OFDM se particularise par une grande efficacité spectrale, ce qui lui permet d'atteindre de forts débits d'information. L'utilisation d'un intervalle de garde augmente sa robustesse vis-à-vis des dispersions du canal de propagation, et l'aide à lutter de façon efficace contre les interférences entre symboles. L'utilisation d'un préfixe cyclique simplifie considérablement la détection et l'égalisation du canal. Néanmoins, la modulation est très particulièrement sensible aux décalages de la fréquence porteuse qui ont pour conséquence directe une large dégradation des performances du système. L'insertion de l'intervalle de garde et des pilotes engendre des pertes de puissance et de débit. Le récepteur doit aussi pouvoir compenser efficacement les effets des interférences entre les sous-porteuses. Pour finir, la fluctuation de l'enveloppe des signaux OFDM rend l'amplification linéaire presque impossible en raison de son fort PAPR. Ce dernier est très souvent cité comme étant le second grand inconvénient des systèmes de communication OFDM.

Chapitre 3

L'OFDM et le décalage de la fréquence porteuse

Sommaire

3.1 Introduction

L'OFDM est une modulation basée sur l'orthogonalité des sous porteuses, un décalage de fréquence, aussi faible soit-il détruit cette orthogonalité et donne naissance à des interférences inter-porteuses, responsables de la dégradation des performances du système. Ces décalages sont dû essentiellement aux imperfections des oscillateurs locaux de l'émetteur et du récepteur et à l'effet Doppler présent dans les canaux radio-mobiles. Nous allons, dans ce qui suit, étudier les causes de ce décalage puis déduire les performances du système en termes de CIR, de SNR et de BER.

3.2 Architectures d'émetteurs et de récepteurs pour la transmission

La transposition de fréquence est une nécessité dans les transmissions qui utilisent le canal hertzien. La figure 3.1 montre la forme des densités spectrales de puissance (DSP) du signal avant et après transposition de fréquence.

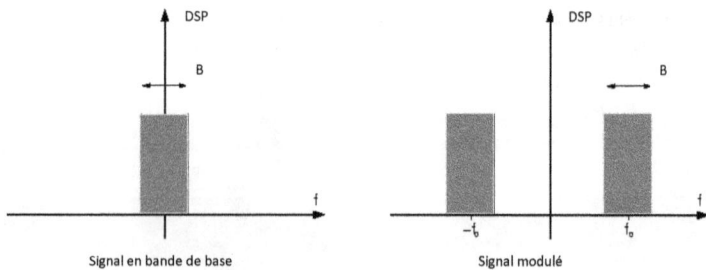

Figure 3.1: Spectre des signaux en bande de base et modulé

En effet un canal radio est caractérisé par une bande de fréquences bien déterminé, et dans le but de ne pas perturber les communications sur les autres canaux, chaque transmission n'utilise que sa propre bande de fréquence. Généralement, la largeur de bande B est faible devant sa fréquence centrale f_0, de ce fait le signal qui y est propagé est appelé signal à bande étroite. Le signal provenant du filtre d'émission est un signal à basse fréquence, appelé aussi signal en bande de base. La modulation, ou transposition de fréquence, consiste donc à décaler la fréquence centrale du signal et ainsi respecter les caractéristiques imposées par le canal.

3.3 Décalage de la fréquence porteuse dû aux imperfections des oscillateurs locaux

Le symbole OFDM est transmis par un circuit radio fréquence. La porteuse est notée f_p. Dans le cas pratique, il est impossible que les oscillateurs locaux de l'émetteur et du récepteur oscillent à la même fréquence. Suite à cette hypothèse, la différence de fréquence noté Δf est égale à :

$$\Delta f = f_{pe} - f_{pr} \qquad (3.1)$$

Où f_{pe} et f_{pr} représentent respectivement la fréquence de la porteuse au niveau de l'émetteur et du récepteur. Cette différence de fréquence est dû aux imperfections des oscillateurs locaux. Cette différence est constante et existe toujours.

Si l'on désigne par T_u, le temps d'un symbole OFDM, alors, le décalage de la fréquence porteuse normalisée est noté ε_0 et il est égal à [29]:

$$\varepsilon_0 = T_u \Delta f \qquad (3.2)$$

Ce décalage est donc proportionnel à la durée de symbole du signal OFDM et dépend étroitement de la qualité des oscillateurs locaux.

3.4 Décalage de la fréquence porteuse dû à l'effet Doppler

Si l'émetteur se déplace à une vitesse v par rapport au récepteur, un décalage de fréquence apparait entre l'émetteur et le récepteur. Ce décalage de fréquence porte le nom d'effet Doppler. Il porte le nom du physicien qui a mis en évidence ce phénomène. Son expression mathématique est donnée par la relation suivante [2]:

$$f_d = f_p \frac{v}{c} cos\alpha \qquad (3.3)$$

Où c représente la vitesse de la lumière, f_p la fréquence de la porteuse et α, l'angle formé par le vecteur vitesse et la direction de l'onde électromagnétique. La valeur normalisée du décalage dû à l'effet Doppler est noté ε_d et est égal à:

$$\varepsilon_d = T_u f_p \frac{v}{c} cos\alpha \qquad (3.4)$$

La durée de symbole T_u, ainsi que la fréquence de la porteuse sont fixes. Les seuls paramètres susceptibles de varier sont la vitesse relative de l'émetteur par rapport au récepteur v et l'angle d'incidence α formé par le vecteur vitesse v et la direction D de l'onde électromagnétique. Le tableau 3.1 résume les conséquences de ces changements.

Vitesse v	Angle α	Décalage Doppler normalisé ε_d
Constant (Mouvement uniforme)	Constant (D et v colinéaires)	Constant
Constant (Mouvement uniforme)	Variable (D et v non colinéaires)	Variable
Variable (Mouvement accéléré)	Constant (D et v colinéaires)	Variable
Variable (Mouvement accéléré)	Variable (D et v non colinéaires)	Variable

Tab 3.1: Décalage Doppler normalisé ε_d en fonction de la vitesse v et l'angle α

Lorsque la vitesse et la direction de l'onde électromagnétiques ne sont pas colinéaires, alors l'angle α varie en fonction du temps même si la vitesse est constante (voir figure 3.2).

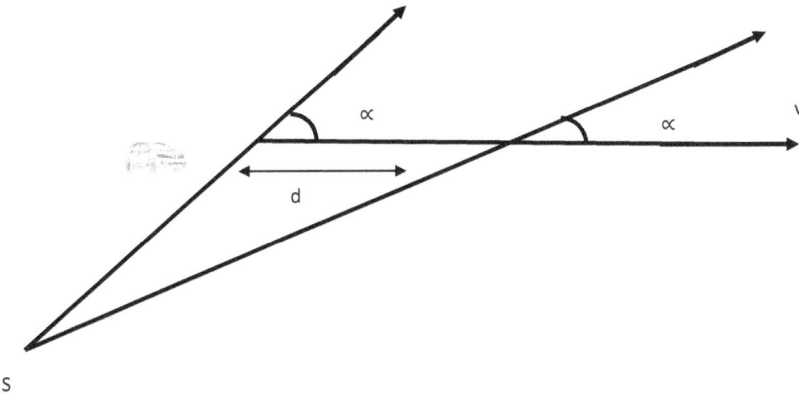

Figure 3.2: Variation de l'angle d'incidence

En effet :

$$\frac{d\varepsilon_d}{dt} = -T_u f_p \frac{v}{c} \sin\alpha \frac{d\alpha}{dt} \tag{3.5}$$

De façon générale, la vitesse est susceptible de varier, ainsi que l'angle α, la variation du décalage normalisée par rapport au temps est donc égal à:

$$\frac{d\varepsilon_d}{dt} = \frac{T_u f_p}{c} \left(\frac{dv}{dt} \cos\alpha - v\sin\alpha \frac{d\alpha}{dt} \right) \tag{3.6}$$

$\frac{dv}{dt}$ représente l'accélération du mobile. Cette grandeur peut prendre des valeurs positives comme elle peut prendre des valeurs négatives et $\frac{d\alpha}{dt}$ représente la variation angulaire en fonction du temps.

3.5 Décalage de fréquence global

Nous avons précisé précédemment que le décalage dû aux imperfections des oscillateurs locaux existe toujours, alors que l'effet Doppler ne se manifeste que si la vitesse relative entre l'émetteur et le récepteur est non nul. Ce qui nous mène à écrire que la fréquence du signal au niveau du récepteur est égale à [19]:

$$f_r = \left(f_p + \Delta f\right)\left(1 + \frac{v}{c}cos\alpha\right) \tag{3.7}$$

Où f_p représente la fréquence de la porteuse et Δf la différence de fréquence entre l'émetteur et le récepteur. En développant l'expression précédente, nous déduisons alors le décalage total qui s'écrit sous la forme [19]:

$$\Delta f_r = f_p \frac{v}{c}cos\alpha + \Delta f \left(1 + \frac{v}{c}cos\alpha\right) \tag{3.8}$$

On déduit alors la valeur normalisée de ce décalage [19]:

$$\varepsilon_T = T_u f_p \frac{v}{c}cos\alpha + \varepsilon_0 \left(1 + \frac{v}{c}cos\alpha\right) \tag{3.9}$$

Pour les applications courantes de télécommunications, la vitesse du mobile est très inférieure à la vitesse de la lumière, $(v \ll c)$, l'expression précédante devient alors [19]:

$$\varepsilon_T = T_u f_p \frac{v}{c}cos\alpha + \varepsilon_0 = \varepsilon_d + \varepsilon_0 \tag{3.10}$$

Nous pouvons donc déduire que les décalages de fréquence se superposent, mais que le décalage de fréquence dû à l'effet Doppler peut prendre des valeurs positives comme il peut prendre des valeurs négatives. Cette propriété permet d'obtenir un décalage global inférieur au décalage dû seulement aux imperfections des oscillateurs locaux. Dans le cas étudié, le décalage de l'effet

Doppler au niveau de chaque sous porteuse n'a pas été pris en considération [17-18].

La figure 3.3 montre que le décalage dû à l'effet Doppler varie avec la variation de la vitesse v, et que le signe de ce décalage est déterminé par l'angle α.

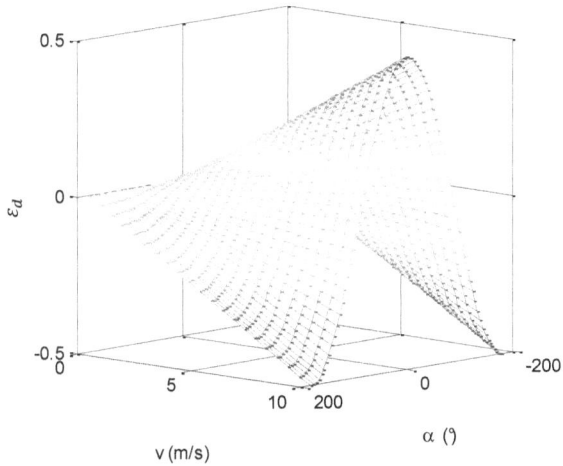

Figure 3.3: Décalage Doppler Normalisé
pour $T_u = 3000\mu s$ et $f_p = 5Ghz$

3.6 Impact du décalage sur la modulation OFDM

Les fréquences des sous porteuses qui constituent le signal OFDM sont égales à :

$$f_k = \frac{k}{T_u} \qquad (3.11)$$

Où k représente l'index des sous porteuses et T_u la durée du symbole OFDM.
Dans un canal caractérisé par le décalage de la fréquence porteuse, la fréquence
reçue est égale à [33]:

$$f_k = \frac{k}{T_u} + \Delta f \qquad (3.12)$$

Où Δf représente la différence de fréquence entre l'émetteur et le récepteur. Le
spectre du signal OFDM est décalé comme le montre la figure 3.5 par rapport à
la figure 3.4.

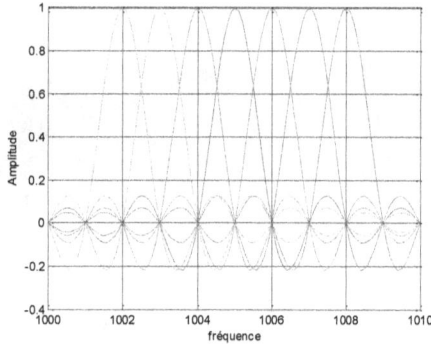

Figure 3.4 : Spectre du signal OFDM non décalé pour N = 7 sous porteuses

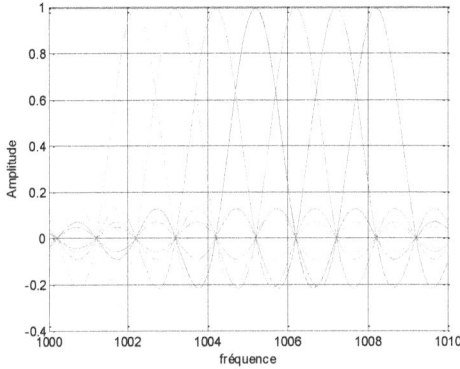

Figure 3.5: Spectre du signal OFDM décalé pour N = 7 sous porteuses

Le modulateur génère une suite de symboles que l'on note par $X^T(k)$ et est égal à :

$$X^T(k) = [X(0)\ X(1)\ ...\ X(N-1)] \qquad (3.13)$$

Le signal à transmettre $X(k)$ transposé de $X^T(k)$ provient généralement d'une modulation QAM ou PSK. Il s'écrit sous la forme :

$$X(k) = \begin{bmatrix} X(0) \\ X(1) \\ . \\ . \\ X(N-1) \end{bmatrix} \qquad (3.14)$$

A la sortie du bloc IFFT, le signal recueilli est donné par l'équation suivante :

$$x(n) = \sum_{k=0}^{N-1} X(k) \exp(j2\pi \frac{nk}{N}) \qquad (3.15)$$

Sous la forme matricielle:

$$\exp\left(j2\pi\frac{nk}{N}\right) = \begin{pmatrix} 1 & 1 & 1 & 1 \\ 1 & \exp\left(j2\pi\frac{1}{N}\right) & \exp\left(j2\pi\frac{2}{N}\right) & \exp\left(j2\pi\frac{3}{N}\right) \\ 1 & \exp\left(j2\pi\frac{2}{N}\right) & \exp\left(j2\pi\frac{4}{N}\right) & \exp\left(j2\pi\frac{6}{N}\right) \\ 1 & \exp\left(j2\pi\frac{3}{N}\right) & \exp\left(j2\pi\frac{6}{N}\right) & \exp\left(j2\pi\frac{9}{N}\right) \end{pmatrix} \tag{3.16}$$

Alors au niveau du récepteur, le signal devient :

$$y(n) = \sum_{k=0}^{N-1} X(k) \exp\left(j2\pi\frac{n(k+\varepsilon_T)}{N}\right) \tag{3.17}$$

Ou encore :

$$y(n) = \exp\left(j2\pi\frac{n\varepsilon_T}{N}\right) x(n) \tag{3.18}$$

Le décalage de la fréquence porteuse génère un déphasage du signal émis. Après le bloc FFT, nous récupérons les symboles émis, son expression est donnée par la relation :

$$Y(k) = \frac{1}{N}\sum_{n=0}^{N-1} y(n) \exp\left(-j2\pi\frac{nl}{N}\right) \tag{3.19}$$

En remplaçant y(n) par sa valeur, nous obtenons :

$$Y(k) = \sum_{k=0}^{N-1} X(k)S(l-k) \tag{3.20}$$

Ou encore :

$$Y(k) = X(k)S(0) + \sum_{\substack{k=0 \\ k\neq l}}^{N-1} X(k)S(l-k) \tag{3.21}$$

$S(l-k)$ représentent les coefficients complexes affectés aux symboles (k), ils sont donnés par la relation suivante [12]:

$$S(l-k) = \frac{\sin\pi(l-k+\varepsilon_T)}{\sin\frac{\pi}{N}(l-k+\varepsilon_T)} exp j\pi \left(1 - \frac{1}{N}\right)(l - k + \varepsilon_T) \qquad (3.22)$$

Le détail de la démonstration est donné en annexe.

L'amplitude des coefficients complexes est donnée par l'expression :

$$|S(l-k)| = \left|\frac{\sin\pi(l-k+\varepsilon_T)}{\sin\frac{\pi}{N}(l-k+\varepsilon_T)}\right| \qquad (3.23)$$

La figure 3.6 montre l'évolution des amplitudes de ces coefficients complexes pour deux valeurs du décalage de fréquence porteuse normalisée ($\varepsilon_T = 0.15$ et $\varepsilon_T = 0.3$). Le nombre des sous porteuses du signal OFDM a été choisi égal à N=16.

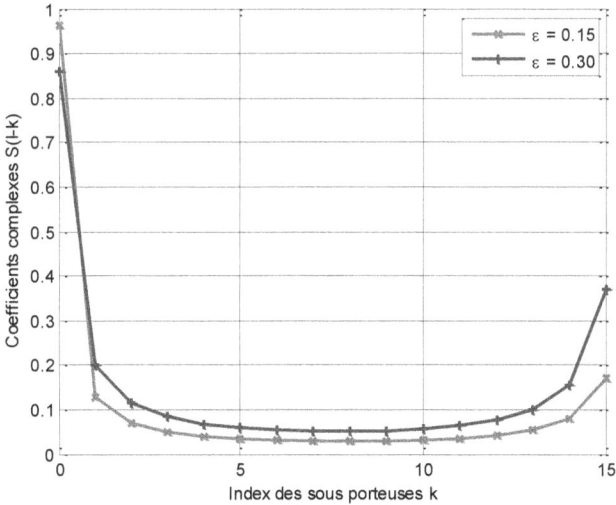

Figure 3.6: Evolution des coefficients complexes en fonction du décalage de la fréquence porteuse ε_T.

Nous remarquons aisément que si le décalage augmente, l'amplitude des coefficients complexes augmente à l'exception du coefficient S(0), affecté au signal utile, qui diminue. Cela se traduit par une augmentation des interférences inter porteuses sous l'effet du décalage de la fréquence porteuse.

La figure 3.7 met en évidence le signal utile ainsi que les interférences autour du coefficient affecté au signal utile. Nous remarquons aisément que plus l'index de la sous porteuse k est distant de l'index k = 0, plus les coefficients sont faibles. Cela s'explique par le fait que plus les porteuses sont éloignées les unes des autres et plus l'interférence entres les sous porteuses est faible.

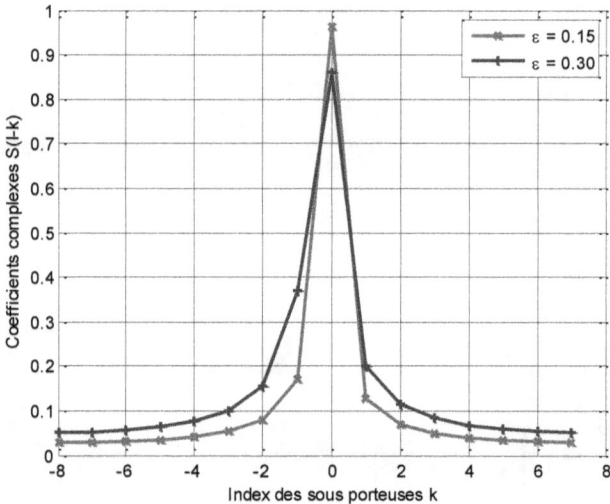

Figure 3.7: Evolution des coefficients complexes en fonction du décalage de la fréquence porteuse ε_T

Les figures 3.8 et 3.9 montre l'évolution des amplitudes de ces coefficients complexes pour les valeurs du décalage de fréquence porteuse normalisée précedante ($\varepsilon_T = 0.15$ et $\varepsilon_T = 0.3$), mais le nombre des sous porteuses du signal OFDM a été choisi égal respectivement à N = 64 et N = 256. Nous remarquons que les 3 courbes ont la même forme et que les sous porteuses adjacentes sont toujours de grandes valeurs.

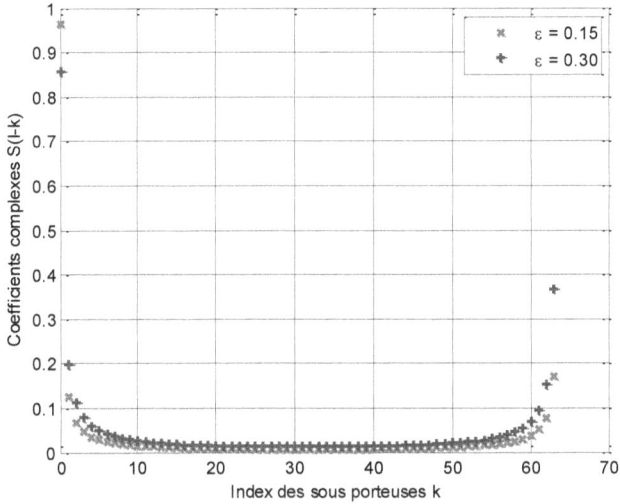

Figure 3.8: Evolution des coefficients complexes (N = 64) en fonction du décalage de la fréquence porteuse ε_T

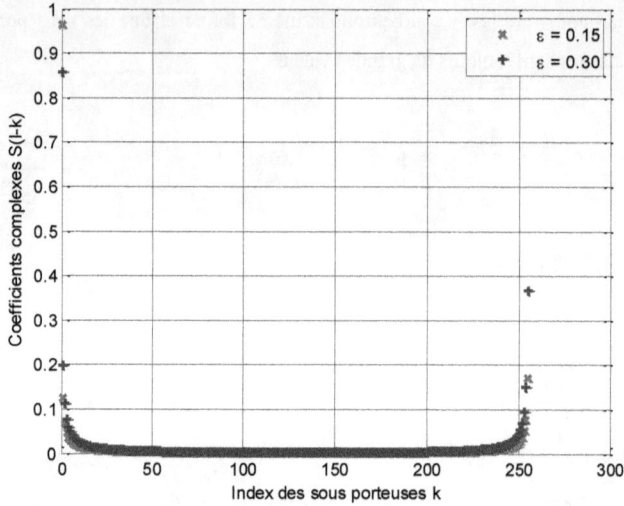

Figure 3.9: Evolution des coefficients complexes (N =256) en fonction
du décalage de la fréquence porteuse ε_T

3.7 Performance de la modulation OFDM

Pour calculer les performances du système nous allons introduire la notion de
CIR (Carrier to Interference Ratio), qui représente le rapport entre la puissance
du signal utile et la puissance de l'ensemble des interférences [12]. Celui-ci est
donné par la relation:

$$CIR = \frac{|S(0)|^2}{\sum_{l=1}^{N-1}|S(l)|^2} \qquad (3.24)$$

Avec

$$|S(0)| = \left|\frac{sin\pi\varepsilon_T}{sin\frac{\pi}{N}\varepsilon_T}\right| \qquad (3.25)$$

Et en tenant compte des résultats donné dans [13] :

$$\sum_{l=0}^{N-1}|S(l)|^2 = 1 \tag{3.26}$$

On déduit donc que :

$$CIR = \frac{|S(0)|^2}{1-|S(0)|^2} \tag{3.27}$$

En combinant les équations (3.25) et (3.27), on aboutit à la relation :

$$CIR = \frac{\left|\frac{sin\pi\varepsilon_T}{sin\frac{\pi}{N}\varepsilon_T}\right|^2}{1-\left|\frac{sin\pi\varepsilon_T}{sin\frac{\pi}{N}\varepsilon_T}\right|^2} \tag{3.28}$$

La figure 3.10 illustre l'évolution du CIR de la modulation OFDM pour un décalage de la fréquence porteuse ε_T variant de 0 à 0,5. La valeur du CIR est assez grande pour des valeurs faibles de ε_T, mais peut prendre des valeurs très faibles lorsque le décalage de la fréquence porteuse prend de grandes proportions.

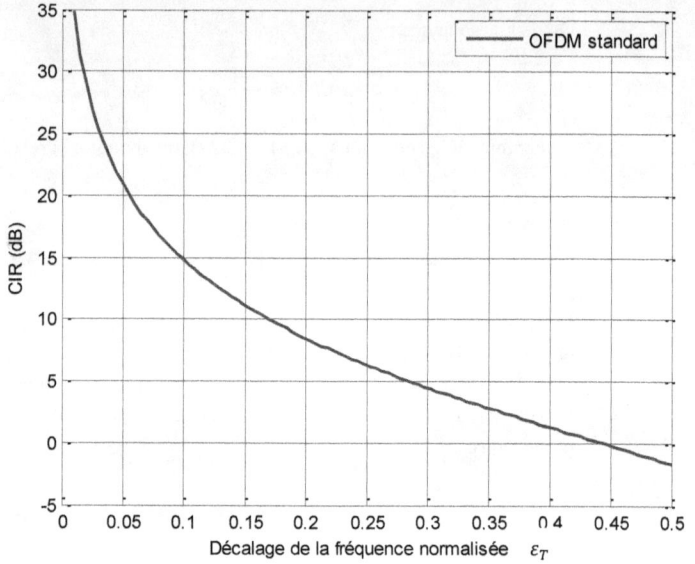

Figure 3.10 : évolution du CIR en fonction de ε_T

Dans un environnement radio mobile, l'effet Doppler entre en jeu. La figure 3.11 montre l'évolution du CIR en fonction de la vitesse relative et de l'angle d'incidence α. Celui-ci est maximal pour $v=0$ et $\alpha = 90°$ (absence d'effet Doppler), puis il se dégrade lorsque v augmente ou que α varie [19].

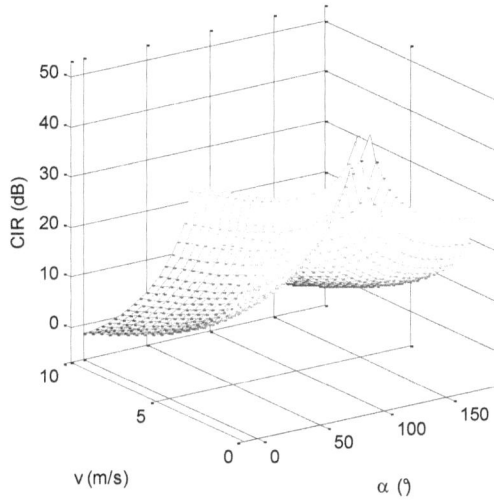

Figure 3.11 Variation du CIR en 3D en fonction de la vitesse
et de l'angle α

3.8 Limite d'utilisation de l'OFDM sous l'effet Doppler

Il existe à l'heure actuelle un certain nombre de standards utilisant la modulation OFDM. La fréquence porteuse généralement utilisée est égale à $f_p = 2.4\ GHZ\ ou\ f_p = 5\ GHZ$. Les modes utilisés sont le mode 2k ($T_u = 224\mu s$) ou le mode 8k ($T_u = 896\mu s$). Le décalage normalisé maximal causé par l'effet Doppler est donné par la relation :

$$\varepsilon_d = T_u f_p \frac{v}{c} \tag{3.29}$$

On déduit alors la valeur de la vitesse relative :

$$v = \frac{c\varepsilon_d}{T_u f_p} \tag{3.30}$$

Pour le mode 2k et pour un décalage $\varepsilon_d = 0.1$, la vitesse maximale tolérée est égal à :

$v = 55\,{}^{m}/_{s}\ (200\,{}^{km}/_{h})$ pour une fréquence porteuse égale à $f_p = 2.4\ GHZ$ et à $v = 14\,{}^{m}/_{s}\ (50\,{}^{km}/_{h})$ pour une fréquence porteuse égale à $f_p = 5\ GHZ$.

Pour le mode 8k et pour un décalage $\varepsilon_d = 0.1$, la vitesse maximale tolérée est égal à :

$v = 27\,{}^{m}/_{s}\ (95\,{}^{km}/_{h})$ pour une fréquence porteuse égale à $f_p = 2.4\ GHZ$ et à $v = 6,5\,{}^{m}/_{s}\ (25\,{}^{km}/_{h})$ pour une fréquence porteuse égale à $f_p = 5\ GHZ$.

Une augmentation de la vitesse entrainera une dégradation considérable des performances.

3.9 Rapport signal sur bruit SNR de la modulation OFDM

Un autre paramètre pour mesurer les performances du système, le rapport signal sur bruit. L'étude du SNR d'une modulation OFDM affecté par le décalage de la fréquence porteuse a été définit par la relation suivante [13]:

$$SNR = \frac{|S(0)|^2 SNR_0}{\sum_{l=1}^{N-1}|S(l)|^2 SNR_0 + 1} \tag{3.31}$$

Où $SNRo$ représente le SNR en absence de décalage de fréquence porteuse.

En utilisant l'équation (3.26), le SNR peut être mis sous la forme :

$$SNR = \frac{|S(0)|^2 SNRo}{(1-|S(0)|^2)SNRo + 1} \tag{3.32}$$

Dans la relation (3.32), le SNR dépend des paramètres du CIR avec en plus, le SNR_0, qui représente le SNR en absence de décalage de fréquence porteuse.

La figure 3.12 permet de visualiser l'évolution du rapport signal sur bruit en fonction du décalage de la fréquence porteuse normalisée pour trois valeurs du SNR en absence de décalage de la fréquence porteuse.

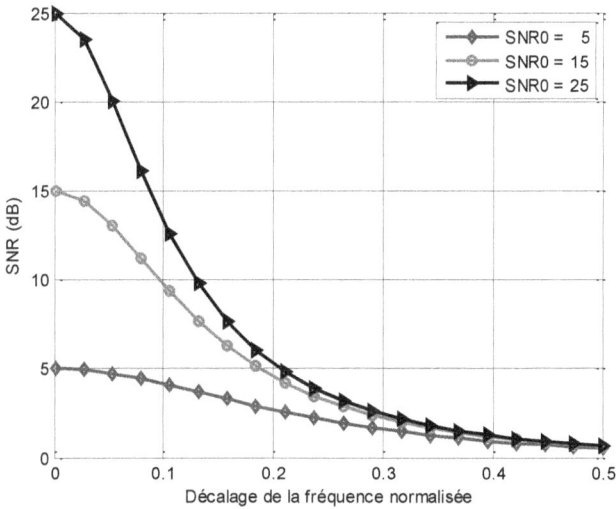

Figure 3.12 : Variation du SNR en fonction du décalage de la fréquence porteuse

Celui-ci se dégrade rapidement en présence du décalage de la fréquence porteuse. La figure 3.13 permet de visualiser l'évolution du rapport signal sur bruit en présence du décalage de la fréquence porteuse en fonction du SNR_0.

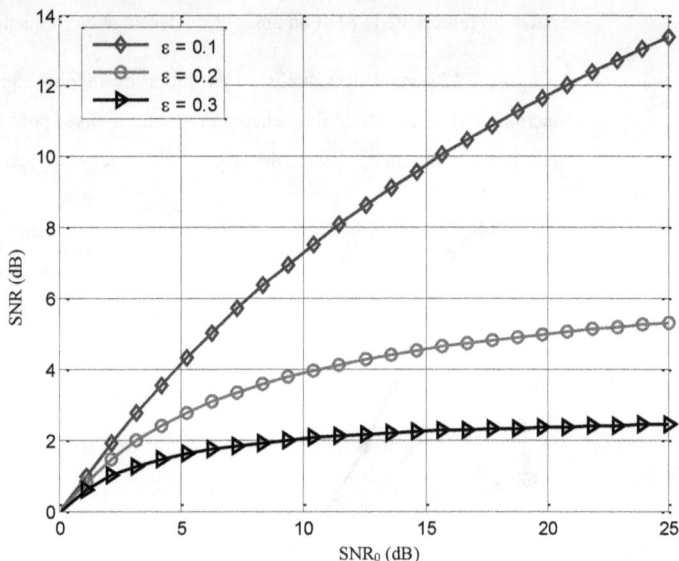

Figure 3.13 : Variation du SNR en fonction du SNR sans décalage de la fréquence porteuse

Nous remarquons que pour un large CFO, le SNR reste faible même si le SNR en absence de décalage est grand.

3.10 Taux d'erreur Binaire

Afin de calculer le taux d'erreur binaire (TEB), nous allons utiliser la méthode de Monté-Carlo. Celle-ci se résume à comparer le signal émis au signal reçu après avoir migré à travers la chaine de communication complète (modulation, canal de transmission, démodulation). La figure 3.14 résume les différentes étapes de la méthode utilisée.

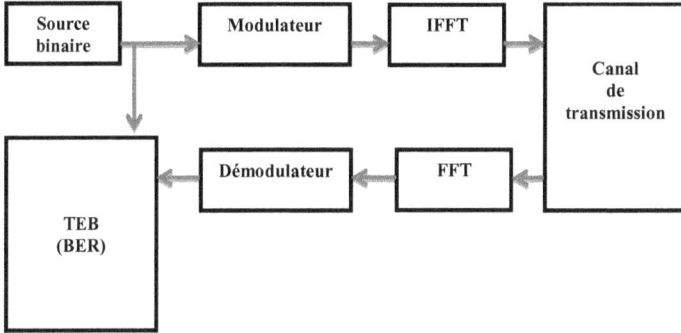

Figure. 3.14 Synoptique de la méthode de Monté-Carlo

Pour les besoins de la simulation, nous avons utilisé une modulation BPSK et le signal migre dans un canal à bruit additif Gaussien (AWGN). Nous avons précédemment cités que les imperfections des oscillateurs locaux existe toujours et que l'effet Doppler était présent quant la vitesse relative entre l'émetteur et le récepteur était non nul, ce qui nous mène à utiliser plusieurs valeurs du décalage fréquentiel, dans notre cas, nous avons pris deux valeurs différentes, à savoir, $\varepsilon = 0.15$ et $\varepsilon = 0.25$. Pour montrer l'impact de l'effet Doppler sur les performances du système nous avons pris trois situations différentes :

- $\alpha = 90°$ qui représente une absence de l'effet Doppler.
- $\alpha = 60°$ qui génère un décalage de fréquence positif.
- $\alpha = 120°$ qui génère un décalage de fréquence négatif mais égal en valeur absolue.

La vitesse du mobile étant fixe de 180km/h. Nous avons aussi utilisé une porteuse égale à 5 GHZ (utilisée par la norme 802.11) et une durée de symbole du signal OFDM $T_b = 224\mu s$ (utilisé par la transmission OFDM 2K).

Les figures 3.15 et 3.16 tracent le BER en fonction du SNR_0 pour deux valeurs du décalage fréquentiel $\varepsilon_T = 0.15$ et $\varepsilon_T = 0.25$ et dans les deux cas, pour les trois valeurs de l'angle d'incidence α cité auparavant.

L'effet Doppler est absent pour un angle $\alpha = 90°$, le décalage n'est alors dû qu'aux imperfections des oscillateurs locaux.

Pour un angle égal à $\alpha = 60°$, le décalage dû à l'effet Doppler est positif et se superpose au décalage dû aux imperfections des oscillateurs locaux. Dans ce cas là, les performances se dégradent sous l'effet d'un décalage supplémentaire.

Enfin, pour un angle égal à $\alpha = 120°$, le décalage dû à l'effet Doppler est négatif. Le décalage global est alors inférieur au décalage dû aux imperfections des oscillateurs locaux. Le BER est donc amélioré.

Nous pouvons déduire que l'effet Doppler contribue donc à améliorer les performances quand celui-ci est dans le sens opposé du décalage généré par les imperfections des oscillateurs locaux [19]. Cette amélioration n'est pas dû à un quelque procédé ou algorithme, mais est dû aux conditions soumises à la transmission sous l'effet Doppler. Cette amélioration est plus ou moins substantielle en fonction du décalage généré par l'effet Doppler.

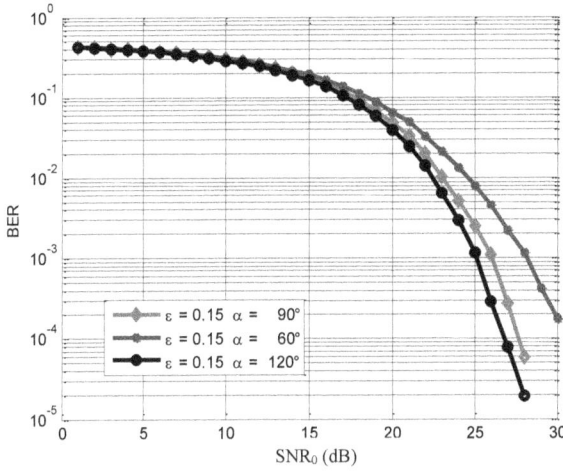

Figure 3.15 BER en fonction du rapport signal sur bruit pour différentes valeurs de l'angle α.

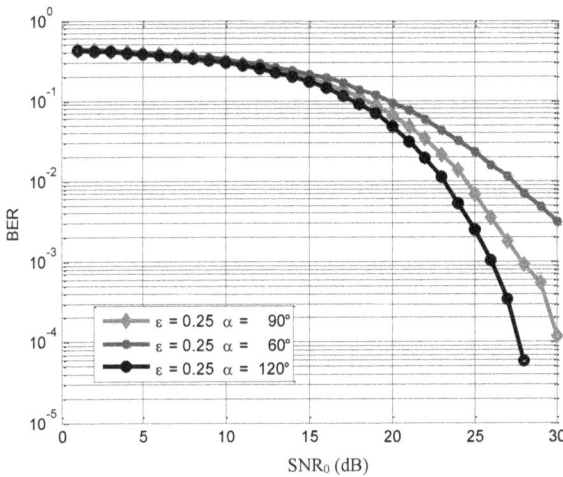

Figure 3.16 BER en fonction du rapport signal sur bruit pour différentes valeurs de l'angle α.

3.11 Conclusion

Dans ce chapitre nous avons étudié les différentes causes du décalage de la fréquence porteuse. Nous avons mis en évidence l'effet Doppler ainsi que son étroite liaison avec la mécanique newtonienne. En effet, la grandeur vitesse prend des valeurs fixes mais est susceptible de varier dans le temps, nous parlons ici d'accélération.

La position des mobiles les uns par rapport aux autres ou du mobile par rapport à la station émettrice est aussi un facteur important, en effet celui-ci varie dans le temps si le vecteur vitesse et la direction de l'onde électromagnétique ne sont pas colinéaires.

L'originalité de notre étude réside dans le fait d'avoir étudié la superposition des décalages dû aux imperfections des oscillateurs locaux ainsi qu'à l'effet Doppler et que nous avons abouti à la conclusion que l'effet Doppler, contrairement à ce que l'on peut penser, n'est pas toujours néfaste aux systèmes utilisant la modulation OFDM, mais bien au contraire, il permet, sous certaines conditions, d'améliorer les performances du système.

Chapitre 4

Algorithmes réducteurs d'interférences inter-porteuses

Sommaire

4.1 Introduction

Dans le but d'obtenir une liaison sans fil avec le maximum de fiabilité, nous devons penser à éliminer ou tout au moins, de diminuer les interférences inter porteuses. Dans cet objectif, un certain nombre d'algorithmes ont été dévellopés. A l'heure actuel, il existe deux grands axes qui permettent de résoudre ce problème.

Il existe les algorithmes qui reposent sur l'estimation du canal [20-23], ces techniques reposent sur l'envoi de pilotes ou séquences connues au niveau de l'émetteur, ensuite on introduit la correction adéquate.

Il existe cependant d'autres algorithmes [12], [14-15], [24-25] qui se passent volontairement de l'estimation du canal, ils permettent de diminuer les interférences au détriment du débit. Ces algorithmes ont tout de même l'avantage de ne nécessiter aucun calcul ou est besoin de la convergence de l'algorithme.

Dans ce chapitre, nous allons étudier un certain nombre d'algorithmes permettant de diminuer les interférences inter porteuses. Parmi ces algorithmes citons la méthode d'ICI self Cancellation [12], Symetric Symbol Repetition [14] et la Conjugate Cancellation [15]. D'autres variantes de ces algorithmes ont été étudiés dans [24] et[25]. Les performances de l'OFDM sous l'effet du décalage de la fréquence porteuse ont été étudiés en termes de BER [26] et de probabilitée d'erreur[27-28].

Afin de rendre le CIR indépendant du décalage de la fréquence porteuse, nous avons proposé un nouvel algorithme que nous avons dénommé 'Algorithme de Conjugate Cancellation Modifié'. Celui-ci permet d'obtenir des performances stables et constantes quelque soit la valeur du décalage de la fréquence porteuse normalisée[32].

4.2 Algorithme d'ICI Self cancellation

4.2.1 ICI self cancellation au niveau de l'émetteur

Haggman et Zhao ont proposé cette méthode pour la première fois en 1996 [16], puis elle a été reprise et dévellopée en 2001 [12]. Cet algorithme a aussi été étudié par J Armstrong [29-30]. L'algorithme consiste à combiner les symboles à émettre de sorte que les deux symboles successifs sont égaux mais inversés. Si les symboles originaux sont égales à :

$$X(0), X(1), \ldots, X(N-1)$$

Les symboles sont combinés de tel manière à obtenir à :

$$X(1) = -X(0), X(3) = -X(2), \ldots, X(N-1) = -X(N-2) \qquad (4.1)$$

Le signal OFDM étant égal à :

$$Y(k) = X(k)S(0) + \sum_{\substack{l=0 \\ l \neq k}}^{N-1} X(l)S(l-k) \qquad (4.2)$$

En remplaçant l'équation (4.1) dans (4.2), le signal obtenu au niveau de l'émetteur, est égal à :

$$Y'(k) = \sum_{\substack{l=0 \\ l\,pair}}^{N-1} X(l)\big(S(l-k) - S(l+1-k)\big) \qquad (4.3)$$

Le débit est alors divisé par deux. Les coefficients complexes associés sont donc égaux à :

$$S'(l-k) = S(l-k) - S(l+1-k) \qquad (4.4)$$

Les figures 4.1 et 4.2 illustent l'évolution des coefficients complexes $S'(l-k)$ pour deux valeurs du décalage normalisé de la fréquence porteuse.

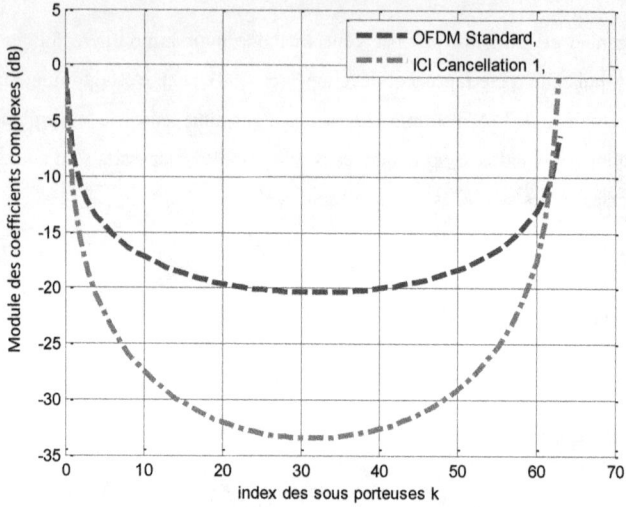

Figure 4.1 : Comparaisons des modules des coefficients complexes de
l'OFDM et de l'ICI pour $\varepsilon_T = 0.2$

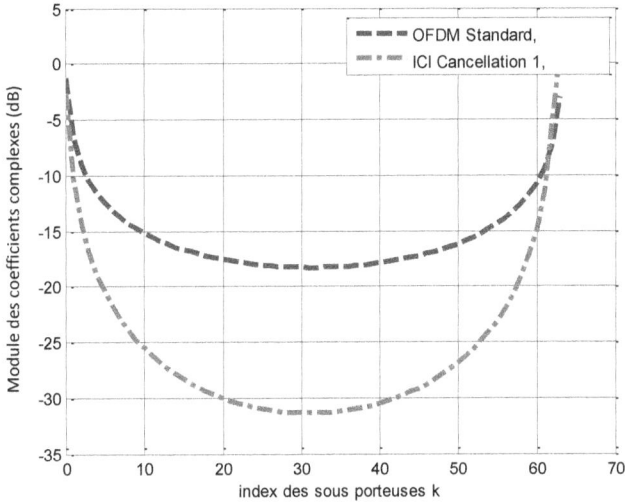

Figure 4.2 : Comparaisons des modules des coefficients complexes

de l'OFDM et de l'ICI pour $\varepsilon_T = 0.4$

En comparant $S'(l-k)$ et $S(l-k)$, on remarque que la méthode d'ICI cancellation au niveau de l'émetteur permet un gain pouvant atteindre 15dB.

4.2.2 ICI cancellation au niveau du récepteur

Au niveau du récepteur, on soustrait deux signaux consécutifs, le signal résultant s'écrit :

$$Y''(k) = Y'(k) - Y'(k+1) \qquad (4.5)$$

Le développement de cette équation permet d'aboutir à l'équation suivante [12]:

$$Y''(k) = \sum_{\substack{l=0 \\ l\,pair}}^{N-1} X(l)\big(2S(l-k) - S(l+1-k) - S(l-1-k)\big) \quad (4.6)$$

Les coefficients complexes associés au signal à transmettre sont égales à [12]:

$$S''(l-k) = 2S(l-k) - S(l+1-k) - S(l-1-k) \quad\quad (4.7)$$

Les figures 4.3 et 4.4 nous donnent un aperçu sur l'évolution de ces coefficients complexes pour deux valeurs du décalage de la fréquence porteuse normalisée. Pour certaines sous porteuses, l'atténuation atteint 40 dB, ce qui est plus que satisfaisant.

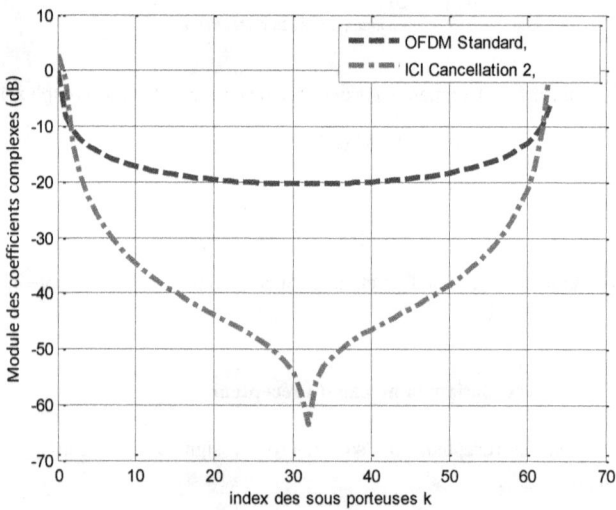

Figure 4.3 : Comparaisons des modules des coefficients complexes de l'OFDM et de l'ICI pour $\varepsilon_T = 0.2$

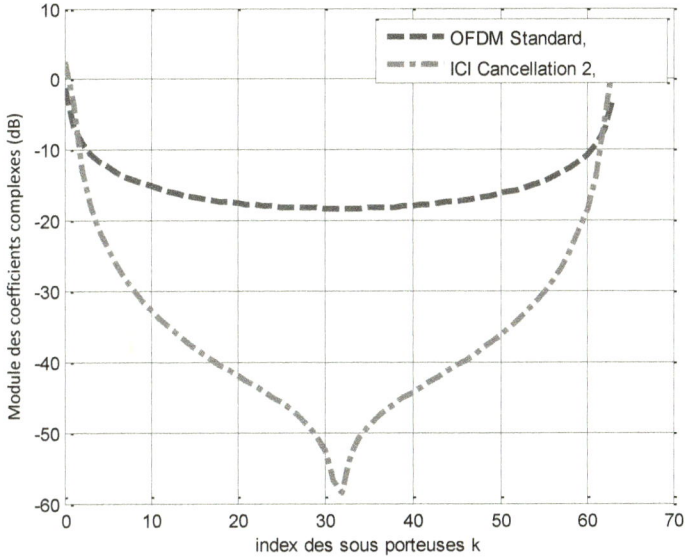

Figure 4.4 : Comparaisons des modules des coefficients complexes de l'OFDM et de l'ICI pour $\varepsilon_T = 0.4$

4.2.3 Performance de la ICI Self Cancellation

Le rapport de puissance entre le signal désiré et la somme des interférences (CIR) de la modulation OFDM est donné par la relation [12]:

$$CIR_{OFDM} = \frac{|S(0)|^2}{\sum_{l=1}^{N-1}|S(l)|^2} \qquad (4.8)$$

Le même rapport de puissance (CIR) pour la ICI self cancellation, est donné par la relation [12] :

$$CIR_{ICI\,Can} = \frac{|2S(0)-S(1)-S(-1)|^2}{\sum_{\substack{l=2\\l\,pair}}^{N-1}|2S(l)-S(l+1)-S(l-1)|^2} \qquad (4.9)$$

La figure 4.5 montre l'évolution des deux CIR sur le même graphe et cela dans le but de faciliter la comparaison des deux signaux. Nous observons donc une nette amélioration des performances du signal.

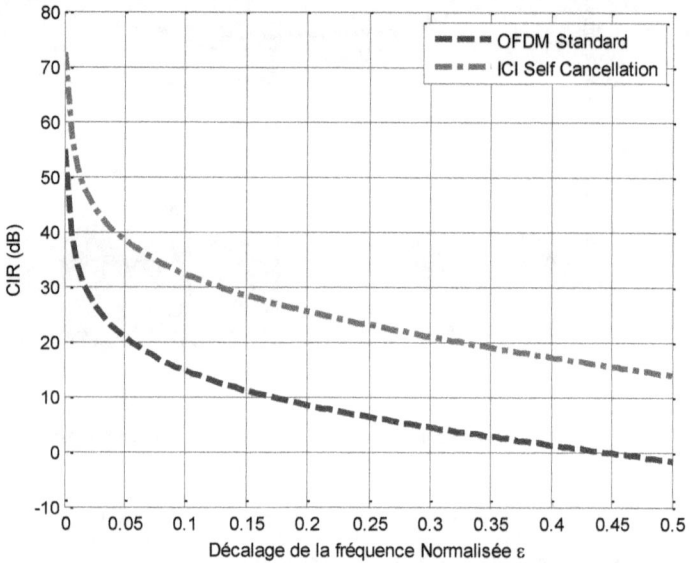

Figure 4.5 : CIR de l'OFDM et de L'ICI Self Cancellation

4.2.4   Gain en CIR

Afin de quantifier cette amélioration des performances, nous avons pensé à calculer la différence des deux CIR, celle-ci est calculée de la façon suivante :

$$G = 10 * log_{10}CIR_{ICI\,Can} - 10 * log_{10}CIR_{OFDM} \qquad (4.10)$$

La figure 4.6 montre que ce gain varie de 17.6 à 15.5 dB. Il est donc pratiquement constant sur tout l'intervalle $\varepsilon_T = [0,0.5]$ puisqu'il ne varie que de 2dB.

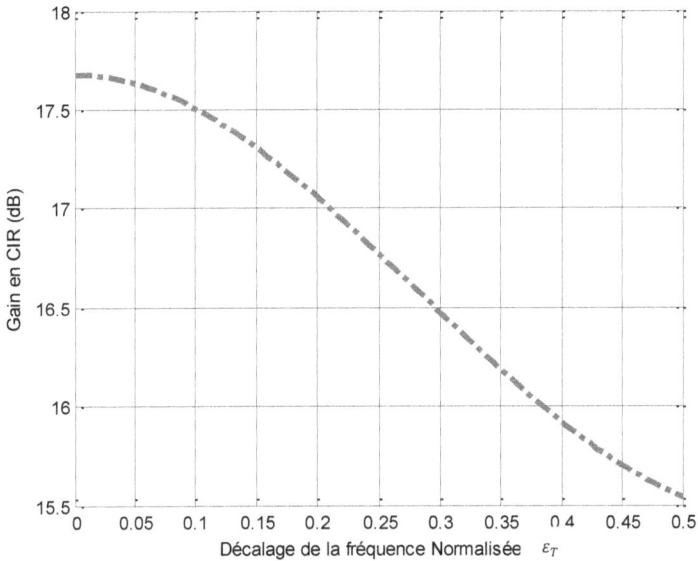

Figure 4.6 : Gain en CIR

4.2.5   Taux d'erreur binaire (ICI self Cancellation)

Afin de quantifier la notion de performance, nous allons comparer le taux d'erreur binaire de l'OFDM avec celui de la self Cancellation. La figure 4.7 montre que le taux d'erreur binaire est amélioré par l'algorithme d'ICI self cancellation, en effet pour un même rapport signal sur bruit, le TEB est affaiblie d'un facteur de 10 pour une valeur du SNR = 20dB et d'un facteur de 100 pour une valeur du SNR = 25dB.

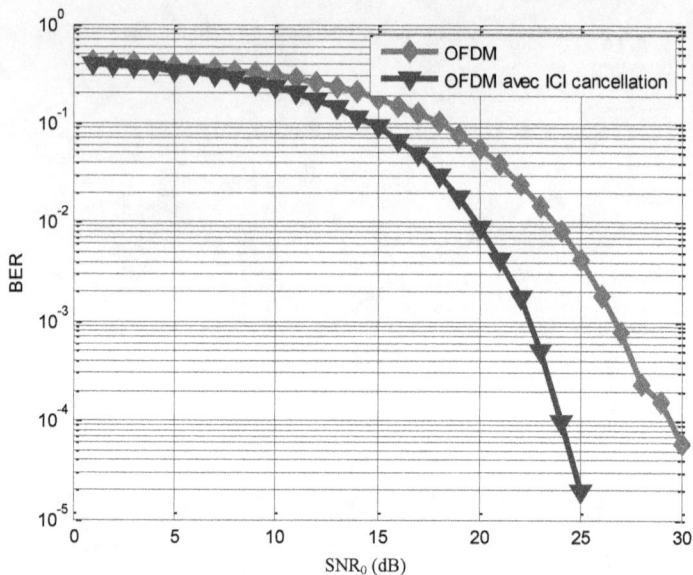

Figure 4.7: Taux d'erreur binaire pour la modulation OFDM et pour la ICI self Cancellation

4.3 Algorithme de Symetric Symbol Repetition

L'algorithme de Symetric Symbol Repetition (SSR) a été proposé par K.Sathananthan [14]. Contrairement à l'algorithme d'ICI self cancellation, la façon d'associer les symboles est différente, ils sont réorganisés de la façon suivante [14]:

$$X(l) = -X(N - l - 1) \qquad pour\ l = 0,2,...,N - 2 \qquad (4.11)$$

L'algorithme est pratiquement le même que celui de la ICI self cancellation sauf que les résultats obtenus sont différents.

4.3.1 Algorithme de Symetrique Symbol Repetition au niveau de l'émetteur

A partir du signal de l'OFDM original donné par l'équation (4.2) et en utilisant la combinaison donné par l'équation (4.11), on construit le signal $Y_1(k)$, il est égal à:

$$Y_1(k) = \sum_{\substack{l=0 \\ l\,pair}}^{N-2} X(l)[S(l-k) - S(N-l-1-k)] \qquad (4.12)$$

Le signal qui lui succède est égal à :

$$Y_2(k) = \sum_{\substack{l=0 \\ l\,pair}}^{N-2} X(l)[S(l-1-k) - S(N-l-k)] \qquad (4.13)$$

4.3.2 Algorithme de Symetric Symbol Repetition au niveau du récepteur

Au niveau du récepteur, on construit le signal $Y_{12}(k)$ obtenu à partir de deux signaux consécutifs $Y_1(k)$ et $Y_2(k)$.

$$Y_{12}(k) = Y_1(k) - Y_2(k)$$
$$= \sum_{\substack{l=0 \\ l\,pair}}^{N-2} X(l)[S(l-k) - S(N-l-1-k) - S(l-1-k) +$$
$$S(N-l-k)] \quad (4.14)$$

Les coefficients complexes résultant de cette manipulation sont égaux à :

$$S''(l-k) = S(l-k) - S(l-1-k) + S(N-l-k) - S(N-l-1-k) \qquad (4.15)$$

4.3.3 Performance de l'algorithme de Symetric Symbol Repetition

L'expression du rapport de puissance est donnée par la relation :

$$CIR_{SSR} = \frac{|2S(0) - S(1) - S(-1)|^2}{\sum_{\substack{l=2 \\ l\,pair}}^{N-2} [|S(l) - S(N-l-1) - S(l-1) + S(N-l)|^2]} \qquad (4.16)$$

La figure 4.8 illustre l'évolution du CIR de la méthode étudié et la compare avec le CIR de l'OFDM.

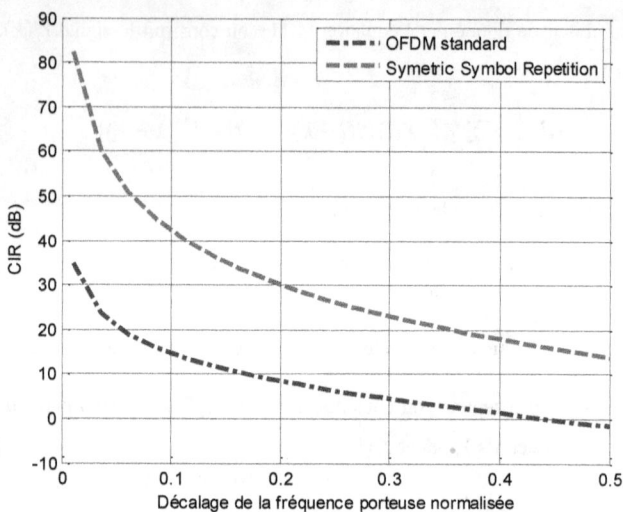

Figure 4.8 Tracé des CIR de l'algorithme de Symetric Symbol Repetition et de l'OFDM en fonction du décalage de la fréquence porteuse ε_T.

4.3.4 Gain en CIR de l'algorithme de Symetric Symbol Repetition

Le gain en CIR s'obtient en calculant la différence des deux CIR, il est égal à:

$$G = 10 \, log_{10} CIR_{SSR} - 10 \, log_{10} CIR_{OFDM} \qquad (4.17)$$

L'algorithme de Symetric Symbol Repetition présente un net avantage par rapport à la méthode de l'ICI Self Cancellation, surtout pour les faibles valeurs du décalage de fréquence porteuse puisque le gain en CIR peut atteindre 45 dB, alors qu'il n'excède pas 17.5 dB pour l'ICI Self cancellation. Cette évidence est montrée par la figure 4.9.

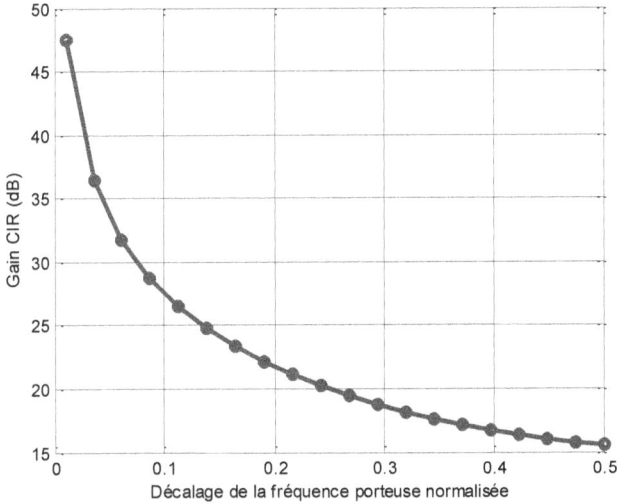

Figure 4.9 Gain en CIR de l'algorithme de Symetric Symbol Repetition en fonction du décalage de la fréquence porteuse ε_T.

4.3.5 Comparaison entre les deux Algorithmes

La figure 4.10 montre clairement la supériorité de l'algorithme de Symetric Symbol Repetition par rapport à celui de l'ICI Self Cancellation, en effet pour un débit égale, mais pour une combinaison différente, les performances sont nettement supérieures surtout pour les valeurs faibles du décalage de la fréquence porteuse normalisée [31].

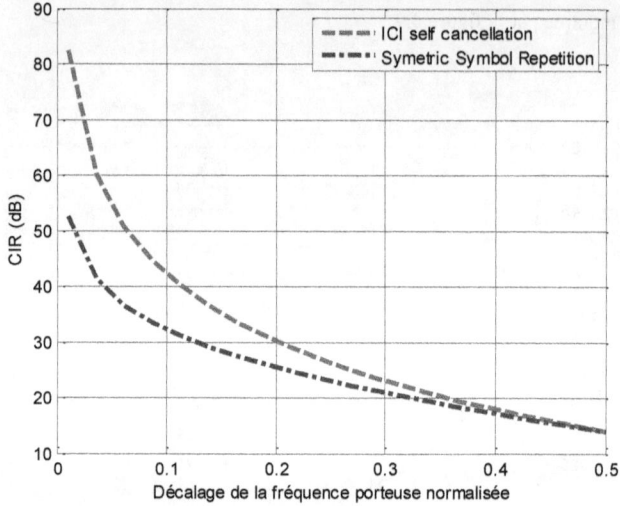

Figure 4.10 Comparaison des CIR des algorithmes de symetric symbol repetition et de l'ICI Cancellation.

4.4 Algorithme de Conjugate Cancellation (CC)

L'agorithme de Conjugate Cancellation a été cité et décrit pour la première fois en 2007 par H.Yeh [15]. Son synoptique est illustré par la figure 4.11.

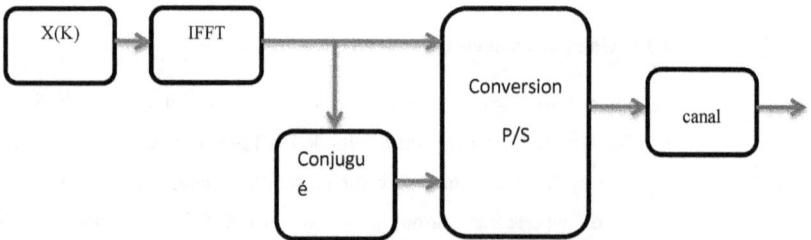

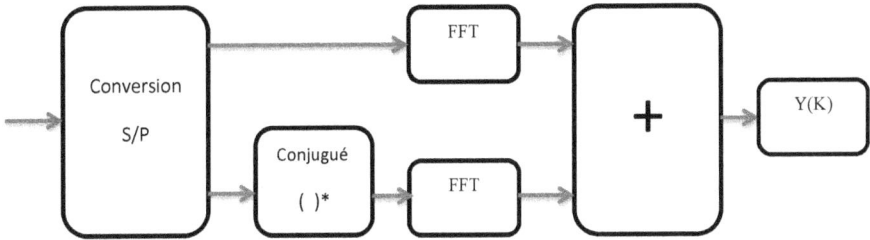

Figure 4.11 Algorithme de Conjugate Cancellation

Le signal est acheminé sur deux voies différentes. Pour la première voie, le signal à émettre provient d'une modulation à grand nombre d'état. Le train de symbole est convertit en parallèle pour obtenir le signal $X(k)$, celui-ci s'écrit :

$$X(k) = \begin{bmatrix} X(0) \\ X(1) \\ \cdot \\ \cdot \\ \cdot \\ X(N-1) \end{bmatrix} \qquad (4.20)$$

A la sortie de la IFFT, le signal obtenu est égal à :

$$x(n) = \sum_{k=0}^{N-1} X(k) exp\left(j\frac{2\pi}{N}nk\right) \qquad (4.21)$$

Pour la seconde voie, le signal $x(n)$ est acheminé vers un bloc qui donne la valeur conjuguée du signal $x(n)$. Celui-ci va donc être égale à:

$$x^*(n) = \left(\sum_{k=0}^{N-1} X(k) \exp\left(j2\pi\frac{nk}{N}\right)\right)^* = \sum_{k=0}^{N-1} X^*(k) \exp\left(-j2\pi\frac{nk}{N}\right) \qquad (4.22)$$

Alors, sous l'effet du canal affecté par le décalage de la fréquence porteuse, le signal reçu s'écrit [15]:

$$y^*(n) = \exp\left(j2\pi\frac{n\varepsilon}{N}\right)\sum_{k=0}^{N-1} X^*(k)\exp\left(-j2\pi\frac{nk}{N}\right) \qquad (4.23)$$

Son conjugué est alors égal à :

$$y(n) = \exp\left(-j2\pi\frac{n\varepsilon}{N}\right)\sum_{k=0}^{N-1} X(k)\exp\left(j2\pi\frac{nk}{N}\right) \qquad (4.24)$$

Pour récupérer les symboles, on applique une FFT, le signal résultant est alors égal à [15]:

$$Y(k) = \frac{1}{N}\sum_{n=0}^{N-1} y(n)exp\left(-j\frac{2\pi}{N}nk\right) \qquad (4.25)$$

Ou encore :

$$Y(k) = X(k)S'(0) + \sum_{\substack{l=0\\l\neq k}}^{N-1} X(k)S'(l-k) \qquad (4.26)$$

Avec :

$$S'(l-k) = \frac{sin\pi(l-k-\varepsilon)}{Nsin\frac{\pi}{N}(l-k-\varepsilon)}exp\,j\pi\left(1-\frac{1}{N}\right)(l-k-\varepsilon) \qquad (4.27)$$

Un des algorithmes utilisées pour minimiser les interférences inter-porteuses est de combiner le signal $x(n)$ ainsi que son conjugué $x^*(n)$, puis les émettre sur le canal de transmission [15]. Cette méthode est appelée Conjugate Cancellation utilisant l'algorithme des différentes voies. Le système est équivalent à émettre le même signal sur des canaux conjugués. Le CIR obtenu est alors égal à [15]:

$$CIR = \frac{|S(0) + S'(0)|^2}{\sum_{l=1}^{N-1}|S(l) + S'(l)|^2} \qquad (4.28)$$

Alors que celui de la modulation OFDM est donné par la relation [12]:

$$CIR = \frac{|S(0)|^2}{\sum_{l=1}^{N-1}|S(l)|^2} \qquad (4.29)$$

La figure 4.12 illustre les variations du CIR de la Conjugate Cancellation ainsi que le CIR du signal OFDM.

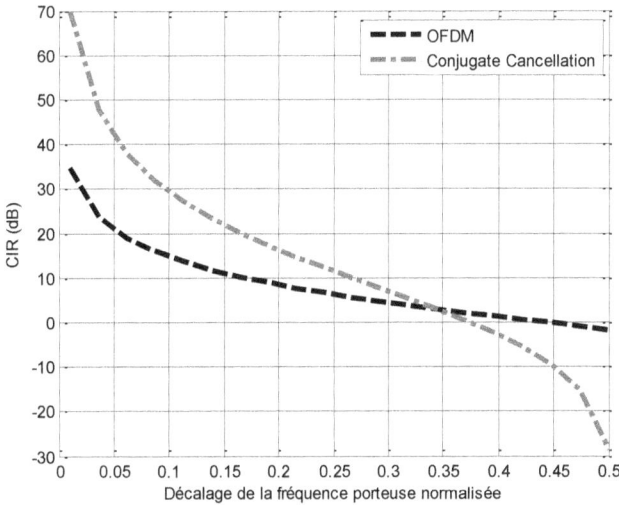

Figure 4.12: Comparaison des CIR de l'OFDM de la Conjugate Cancellation

Nous remarquons aisément que la méthode de Conjugate Cancellation est avantageuse pour les faibles valeurs du CFO et que ses performances se dégradent de façon drastique lorsque les valeurs du décalage prennent des valeurs plus grandes.

4.5 Algorithme Modifié de Conjugate cancellation

Le synoptique de l'algorithme de Conjugate Cancellation modifié est illustré par la figure 4.13.

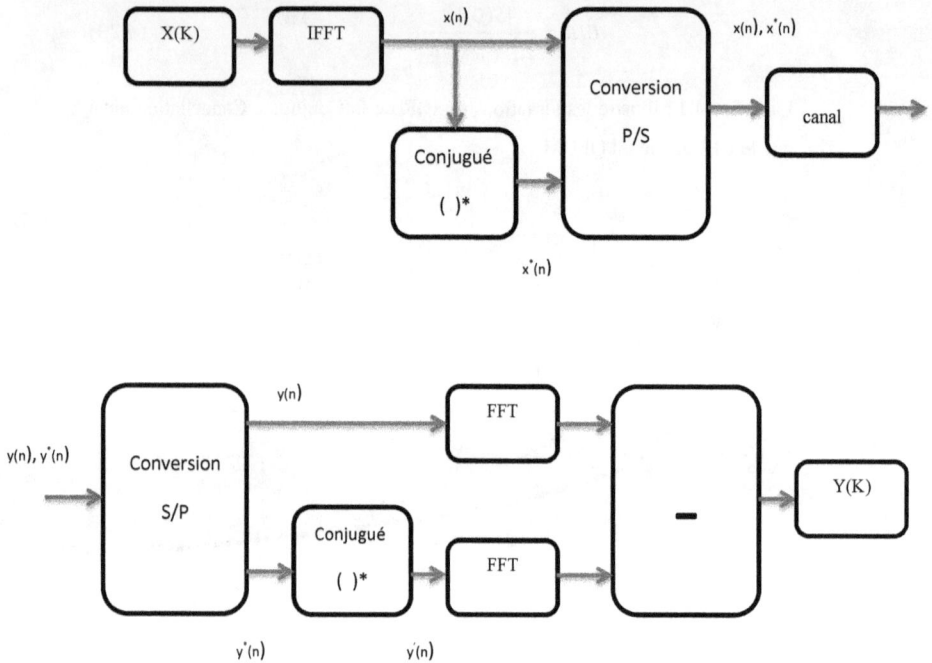

Figure 4.13 Algorithme de Conjugate Cancellation modifié

Au niveau de l'émetteur, il n'existe aucune modification. La différence réside au niveau du récepteur. En effet, les signaux issus des deux blocs FFT sont soustrais l'un de l'autre et le CIR obtenu sera donc égal à [32]:

$$CIR = \frac{|S(0) - S'(0)|^2}{\sum_{l=1}^{N-1}|S(l) - S'(l)|^2} \qquad (4.30)$$

La figure 4.14 montre les variations du CIR de la méthode proposée ainsi que le CIR du signal OFDM et celui de l'algorithme de Conjugate Cancellation.

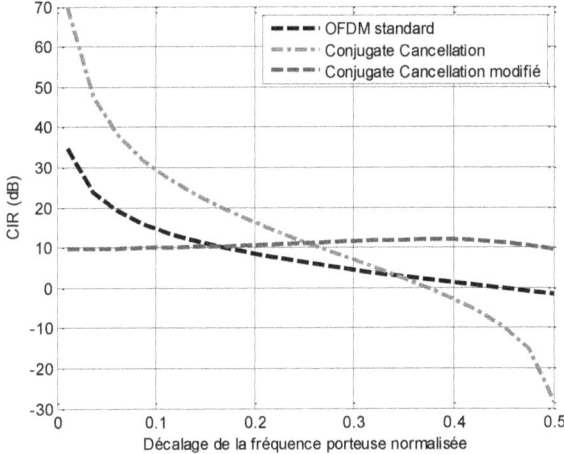

Figure 4.14: Comparaison entre le CIR de la Conjugate
Cancellation modifié et celui de l'OFDM.

Nous remarquons que l'algorithme de la Conjugate Cancellation modifié permet d'obtenir une nette amélioration par rapport à l'OFDM à partir de $\varepsilon_T = 0.15$.

Elle montre aussi que lorsque l'on compare l'algorithme proposée à la Conjugate Cancellation, sur la plage $0.05 \leq \varepsilon_T \leq 0.50$, le CIR se dégrade d'une valeur égale à 70dB pour la CC, ce qui en terme de performance montre qu'elle est très sensible au décalage CFO, alors que pour l'algorithme proposée, pour la même plage de CFO, la variation n'est que de 2dB. En plus, elle garde une valeur moyenne du CIR égale à 10dB.

Dans un environnement où le CFO est très variable et pour les grandes valeurs du CFO, l'algorithme proposée est nettement plus avantageuse. Il possède de meilleures performances surtout pour de grandes valeurs du décalage de fréquence ($\varepsilon_T > 0.25$).

L'algorithme proposée a l'avantage d'être très faiblement dépendant du décalage de la fréquence porteuse, ce qui fait de lui une solution possible et attrayante pour des liaisons à forte variation du décalage de la fréquence porteuse dû à l'effet Doppler. En utilisant une porteuse égale à 5 GHZ (utilisée par la norme 802.11) et une durée de symbole du signal OFDM $T_u = 224\mu s$(utilisé dans le mode 2K). On fait varier la vitesse de 0 à 480km/h. Remarquons que cette vitesse est maximale pour cette norme. La figure 4.15 illustre le CIR, elle montre clairement la faible variation des performances malgré la très grande variation de la vitesse.

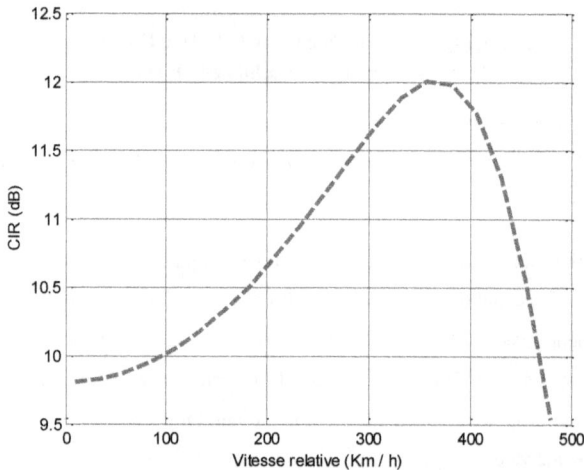

Figure 4.15: Tracé du CIR de l'algorithme de Conjugate Cancellation modifié pour la norme 802.11

4.6 Algorithme Modifié de Conjugate Cancellation et Conjugate Cancellation

Les performances obtenues nous poussent à chercher la cause de cette amélioration. En effet nous nous proposons de tracer la variation de la puissance de la porteuse, et la puissance totale des interférences.

La figure Figure 4.16 illustre la puissance du signal utile de l'algorithme de Conjugate Cancellation ainsi que la puissance totale des interférences. On remarque que lorsque le décalage de la fréquence normalisée augmente, la puissance du signal utile diminue alors que la puissance des interférences augmente.

La figure 4.17 illustre la puissance du signal utile de l'algorithme de Conjugate Cancellation modifié ainsi que la puissance totale des interférences. Contrairement à la Conjugate Cancellation, la puissance utile du signal augmente malgré l'augmentation du décalage de la fréquence porteuse et la puissance des interférences même si celle-ci augmente, elle reste inférieure à celle de la Conjugate Cancellation. On déduit alors que la cause pour laquelle le rapport des puissances CIR est constant est qu'il y a une compensation de puissance entre la porteuse et les interférences.

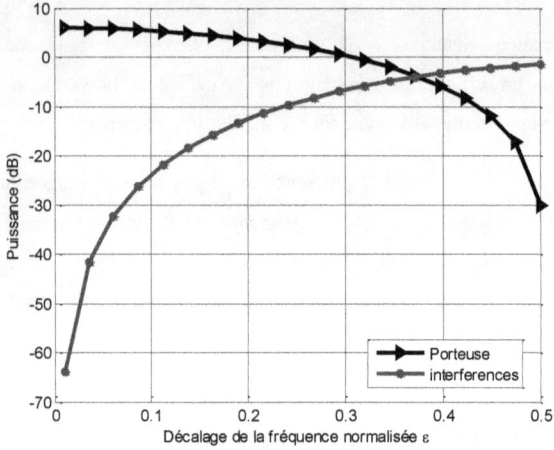

Figure 4.16: Tracé des puissances de la porteuse et des interférences de la Conjugate Cancellation.

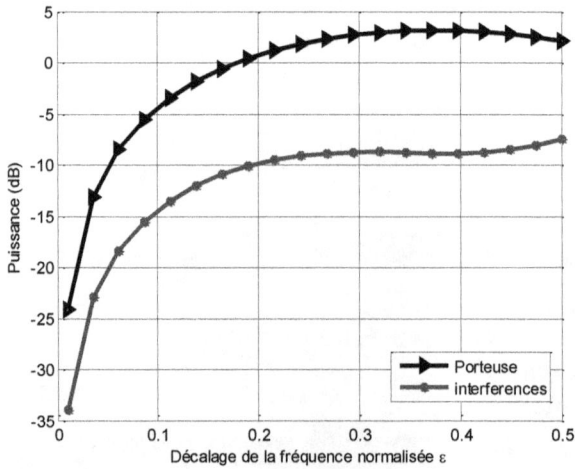

Figure 4.17: Tracé des puissances de la porteuse et des interférences de la Conjugate Cancellation modifié.

4.7 Conclusion

Dans ce chapitre, notre objectif était de proposer une solution au problème posé lors du chapitre précédent. Après avoir énuméré un certain nombre d'algorithmes existants, nous avons proposé un nouvel algorithme qui a la propriété d'être indifférent au décalage de la fréquence porteuse dû à la vitesse relative des mobiles ou lié à la position des mobiles l'un par rapport à l'autre. En effet ses performances sont pratiquement constantes et cela même si le décalage de la fréquence porteuse prend de grandes proportions, contrairement aux autres algorithmes qui permettent d'obtenir de bonnes performances mais que dès que la vitesse du mobile augmente, les performances se dégradent très rapidement.

Conclusion générale

Le travail mené dans cette thèse a permis d'évaluer le potentiel des techniques multi porteuses OFDM dans un canal radio mobile et la mise en application d'un nouvel algorithme qui permet d'inhiber l'effet néfaste causé par l'effet Doppler.

La première partie de ce document a été consacrée à la description de la transmission numérique en étudiant le canal hertzien, la transmission radio fréquence ainsi que les modulations numériques classiques. Nous avons aussi étudié le modèle théorique de l'OFDM, ses applications dans le domaine des télécommunications ainsi que ses avantages et inconvénients.

Dans la seconde partie de ce document, l'OFDM est étudié dans un canal radio mobile caractérisé par l'effet Doppler. Il a été montré que l'OFDM est très sensible au décalage de la fréquence porteuse. En termes de CIR, les performances se dégradent de plus de 20 dB lorsque la valeur du décalage de la fréquence porteuse varie de 0.05 à 0.45.

Ce décalage a pour origine les imperfections des oscillateurs locaux de l'émetteur et du récepteur ainsi que l'effet Doppler. Si le premier est de nature stable dans le temps, le second est variable et imprévisible. Nous avons montré que la superposition de ces deux décalages pouvait aussi bien dégrader les performances comme elle pouvait les améliorer.

Enfin, la nature aléatoire de l'effet Doppler rendait difficile l'utilisation des algorithmes d'estimation du canal, nous avons donc proposé un nouvel algorithme de réduction des interférences inter porteuses. Cet algorithme a permis d'obtenir en terme de CIR, un gain pratiquement constant et égale à 10 dB et cela quelque soit la valeur du décalage de la fréquence porteuse essentiellement causé par l'effet Doppler.

Publications et conférences

Publications

• Mohamed Tayebi, Merahi Bouziani. 'Performance analysis of OFDM systems in the presence of Doppler-effect'. IOSR Journal of Electrical and Electronics Engineering, Vol 4, PP 24-27 (Jan.-Fev.2013)
• Mohamed Tayebi, Merahi Bouziani . 'Modified Conjugate Cancellation Algorithm for OFDM systems' Vol 3, PP 46-48 IJCER(March.2013)

Communications internationales

• Mohamed Tayebi, Merahi Bouziani ' Performance of OFDM in radio mobile channel' A. Elmoataz et al. (Eds.): ICISP 2012, LNCS 7340, pp. 142–148, 2012. © Springer-Verlag Berlin Heidelberg 2012.
• Mohamed Tayebi, Merahi Bouziani 'Comparative study between CFO and SCFO in OFDM systems', Passent Elkafrawy (Ed.) : SPIT 2012, LNICST pp. 66-70, 2012.
• Boumèdiène Fatima Zohra, Mohamed Tayebi, Merahi Bouziani 'Comparative study between ICI Self Cancellation and Symmetric Symbol Repetition', Passent Elkafrawy (Ed.) : SPIT 2012, LNICST pp. 163-167, 2012.

Annexe A

Impact du décalage de la fréquence porteuse sur l'OFDM

Les symboles reçus s'écrivent sous la forme :

$$Y(k) = \frac{1}{N} \sum_{n=0}^{N-1} y(n) \exp\left(-\frac{2j\pi}{N} nk\right) \tag{A.1}$$

$$= \frac{1}{N} \sum_{n=0}^{N-1} x(n) \exp\left(\frac{2j\pi}{N} n\varepsilon_T\right) \exp\left(-\frac{2j\pi}{N} nk\right) \tag{A.2}$$

$$= \frac{1}{N} \sum_{n=0}^{N-1} \sum_{l=0}^{N-1} X(l) \exp\left(\frac{2j\pi}{N} nl\right) \exp\left(\frac{2j\pi}{N} n\varepsilon_T\right) \exp\left(-\frac{2j\pi}{N} nk\right) \tag{A.3}$$

$$= \frac{1}{N} \sum_{l=0}^{N-1} X(l) \sum_{n=0}^{N-1} \exp\left(\frac{2j\pi}{N} n(l + \varepsilon_T - k))\right) \tag{A.4}$$

Avec :

$$\varepsilon_T = \varepsilon_0 + T_u f_p \frac{v}{c} \cos\alpha \tag{A.5}$$

$\frac{1}{N} \sum_{n=0}^{N-1} \exp\left(\frac{2j\pi}{N} n(l + \varepsilon_T - k))\right)$ est une suite géométrique

$$\frac{1}{N} \sum_{n=0}^{N-1} \exp\left(\frac{2j\pi}{N} n(l + \varepsilon_T - k))\right) = \frac{1}{N} \frac{1 - \exp\left(2j\pi(l + \varepsilon_T - k\right)}{1 - \exp\left(\frac{2j\pi}{N}(l + \varepsilon_T - k\right)} \tag{A.6}$$

$$Y(k) = \sum_{l=0}^{N-1} X(l) S(l - k)$$

Avec $S(l - k)$ les coefficients complexes affectés à chaque symbole :

$$S(l - k) = \frac{\sin(\pi(l - k + \varepsilon_T))}{N \sin\left(\frac{\pi}{N}(l - k + \varepsilon_T)\right)} exp\left(1 - \frac{1}{N}\right) (2j\pi(l - k + \varepsilon_T) \tag{A.7}$$

Annexe B

Algorithme de Conjugate Cancellation Modifié

$$x(n) = \sum_{k=0}^{N-1} X(k)\exp\left(\frac{2j\pi}{N}nk\right)$$

$$x^*(n) = \left(\sum_{k=0}^{N-1} X(k)\exp\left(\frac{2j\pi}{N}nk\right)\right)^* = \sum_{k=0}^{N-1} X^*(k)\exp\left(-\frac{2j\pi}{N}nk\right)$$

A l'aide d'un convertisseur parallèle série, nous obtenons le signal :$\left(x(n), x^*(n)\right)$.

Après avoir migré à travers le canal de propagation, le signal subit un décalage de fréquence ε_T. Le signal devient alors : $\left(y(n), y^*(n)\right)$. Un convertisseur série parallèle permet de dissocier les deux signaux $y(n)$ et $y^*(n)$.

$$y(n) = \sum_{k=0}^{N-1} X(k)\exp\left(\frac{2j\pi}{N}nk\right)\exp\left(\frac{2j\pi}{N}n\varepsilon_T\right)$$

$$y^*(n) = \sum_{k=0}^{N-1} X^*(k)\exp\left(-\frac{2j\pi}{N}nk\right)\exp\left(\frac{2j\pi}{N}n\varepsilon_T\right)$$

$y^*(n)$ subit l'opération de conjugué, on obtient alors:

$$y'(n) = \sum_{k=0}^{N-1} X(k)\exp\left(\frac{2j\pi}{N}nk\right)\exp\left(-\frac{2j\pi}{N}n\varepsilon_T\right)$$

Le signal $y'(n)$ est identique au signal $y(n)$ sauf que celui-ci subit un décalage dans le sens contraire du premier.

Afin de récupérer les symboles, on applique aux deux signaux une FFT, les symboles obtenus sont égales à :

$$Y(k) = \frac{1}{N} \sum_{n=0}^{N-1} y(n) \exp\left(-\frac{2j\pi}{N} nk\right)$$

$$= \frac{1}{N} \sum_{n=0}^{N-1} \sum_{l=0}^{N-1} X(l) \exp\left(\frac{2j\pi}{N} nl\right) \exp\left(\frac{2j\pi}{N} n\varepsilon_T\right) \exp\left(-\frac{2j\pi}{N} nk\right)$$

$$= \sum_{l=0}^{N-1} X(l)S(l-k)$$

Avec $S(l-k) = \frac{\sin(\pi(l-k+\varepsilon_T))}{N\sin\left(\frac{\pi}{N}(l-k+\varepsilon_T)\right)} \exp\left(1 - \frac{1}{N}\right)(2j\pi(l-k+\varepsilon_T)$

Et

$$Y'(k)$$
$$= \frac{1}{N} \sum_{n=0}^{N-1} y'(n) \exp\left(-\frac{2j\pi}{N} nk\right)$$
$$= \frac{1}{N} \sum_{n=0}^{N-1} \sum_{l=0}^{N-1} X(l) \exp\left(\frac{2j\pi}{N} nl\right) \exp\left(-\frac{2j\pi}{N} n\varepsilon_T\right) \exp\left(-\frac{2j\pi}{N} nk\right)$$
$$= \sum_{l=0}^{N-1} X(l)S'(l-k)$$

Avec $S'(l-k) = \frac{\sin(\pi(l-k-\varepsilon_T))}{N\sin\left(\frac{\pi}{N}(l-k-\varepsilon_T)\right)} \exp\left(1 - \frac{1}{N}\right)(2j\pi(l-k-\varepsilon_T)$

En soustrayant les deux symboles l'un de l'autre, nous obtenons le signal :

$Z(k) = Y(k) - Y'(k) = \sum_{l=0}^{N-1} X(l)[S(l-k) - S'(l-k)]$

Le CIR obtenu est donc égal à [15]:

$$CIR = \frac{\left|S(0) - S'(0)\right|^2}{\sum_{l=1}^{N-1} \left|S(l) - S'(l)\right|^2}$$

Bibliographie

[1] Olivier BERDER, 'Optimisation et stratégies d'allocation de puissance des systèmes de transmission multi-antennes', Thèse soutenue le 20 décembre 2002 à l'université de Bretagne occidentale.

[2] Adil BELHOUJI 'Etudes théoriques et expérimentales de systèmes de transmissions MIMO-OFDM Mesures actives en environnements réels et maîtrisés dans un contexte WiMAX', Thèse soutenue le 19 Octobre 2009 à l'université de Limoges.

[3] Salvatore RAGUSA, 'Ecrêtage Inversible pour l'Amplification Non-Linéaire des Signaux OFDM dans les Terminaux Mobiles', Thèse soutenue le 26 juin 2006 à l'université de Joseph Fourier.

[4] Ioan BURCIU, 'Architecture de récepteurs radio fréquences dédiés au traitement bibande simultané', Thèse soutenue le 04 mai 2010 à l'institut nationale des sciences appliquées de Lyon.

[5] Sara ABOU CHAKRA, 'La Boucle Locale Radio et la Démodulation directe de signaux larges bandes à 26GHz', Thèse soutenue le 20 décembre 2004 à l'université de Lille.

[6] R. W. CHANG : Synthesis of band-limited orthogonal signals for multichannel data transmission. Bell System Technical Journal, volume 46, pages 1775–1796, Dec. 1966.

[7] S. Weinstein and P. Ebert, "Data transmission by frequency-division multiplexing using the discrete Fourier transform," IEEE Transactions. Communications, vol. 19, pp. 628-634, Oct. 1971.

[8]Sylvain TRAVERSO, 'Transposition de fréquence et compensation du déséquilibre IQ pour des systèmes multi-porteuses sur canal sélectif en

fréquence', Thèse soutenue le 16 Novembre 2007 à l'université de Cergy Pontoise.

[9] Romain Dejardin, 'Récepteurs itératifs dédiés à la correction de saturation pour les systèmes OFDM', Thèse soutenue le 10 février 2010 à l'université de Lille.

[10] J. W. Cooley and J. W. Tukey. An algorithm for the machine calculation of complex fourier series. *Math. Comput.*, 19 : 297 - 301, 1965.

[11] Emeric GUEGUEN, 'Etude et optimisation des techniques UWB haut débit multi-bandes OFDM', Thèse soutenue le 14 janvier 2009 à l'INSA de Rennes.

[12] Y. Zhao and S.-G. Haggman, ''Intercarrier interference self-cancellation scheme for OFDM mobile communication systems,'' IEEE Trans. Commun., vol. 49, pp. 1185–1191, July 2001.

[13] J. Lee, H. Lou, D. Toumpakaris, and J. Cioffi, "SNR Analysis of OFDM Systems in the Presence of Carrier Frequency Offset for Fading Channels" IEEE Transactions On Wireless Communications, Vol.5, N°. 12, December 2006

[14] K. Sathananthan, R. M. A. P. Rajatheva, and S. B. Slimane, "Analysis of OFDM in the presence of frequency offset and a method to reduce performance degradation," in Proc. IEEE Globecom, vol. 1, San Francisco, CA, Nov. 2000, pp. 72–76.

[15] H.Yeh, Y. Chang, and B.Hassibi "A Scheme for Cancelling Intercarrier Interference using Conjugate Transmission in Multicarrier Communication Systems" IEEE Transactions on Wireless Communications, Vol. 6, N^O. 1, January 2007

[16] Y. Zhao and S.-G. Häggman, "Sensitivity to Doppler shift and carrier frequency errors in OFDM systems—The consequences and solutions," in Proc. IEEE 46th Vehicular Technology Conf., Atlanta, GA, Apr. 28–May 1, 1996, pp. 1564–1568.

[17] Mohamed Tayebi, Merahi Bouziani ' Performance of OFDM in radio mobile channel' A. Elmoataz et al. (Eds.): ICISP 2012, LNCS 7340, pp. 142–148, 2012. © Springer-Verlag Berlin Heidelberg 2012.

[18] Mohamed Tayebi, Merahi Bouziani 'Comparative study between CFO and SCFO in OFDM systems', Passent Elkafrawy (Ed.) : SPIT 2012, LNICST pp. 66-70, 2012.

[19] Mohamed Tayebi, Merahi Bouziani. 'Performance analysis of OFDM systems in the presence of Doppler-effect'. IOSR Journal of Electrical and Electronics Engineering, Vol 4, Jan.-Fev.2013, pp 24-27.

[20] Biao Chen, and Hao Wang, « Blind Estimation of OFDM Carrier Frequency Offset via Oversampling » IEEE Transactions On Signal Processing, Vol. 52, N°. 7, July 2004 pp.2047-2057

[21] Ji-Woong Choi, Jungwon Lee,Qing Zhao, and Hui-Ling Lou , « Joint ML Estimation of Frame Timing and Carrier Frequency Offset for OFDM Systems Employing Time-Domain Repeated Preamble » IEEE Transactions On Wireless Communications, Vol. 9, N°. 1, January 2010 pp.311 317

[22] Daniel Landström, Sarah Kate Wilson, Jan-Jaap van de Beek, Per Ödling, and Per Ola Börjesson, « Symbol Time Offset Estimation in Coherent OFDM Systems » IEEE Transactions On Communications, Vol. 50, N°. 4, April 2002 pp.545 549

[23] Paul H. Moose, « A Technique for Orthogonal Frequency Division Multiplexing Frequency Offset Correction », IEEE Transactions On Communications, Vol.42, N°. 10, October 1994 pp.2908-2914.

[24] Heung-Gyoon Ryu, Yingshan Li, and Jin-Soo Park, « An Improved ICI Reduction Method in OFDM Communication System » IEEE Transactions On Broadcasting, Vol. 51, N°. 3, September 2005 pp. 395-400

[25] Chin-Liang Wang, and Yu-Chih Huang, « Intercarrier Interference Cancellation Using General Phase Rotated Conjugate Transmission for OFDM Systems » IEEE Transactions On Communications, Vol. 58, N°. 3, March 2010 pp.1-8.

[26] R. Uma Mahesh and A. K. Chaturvedi, « Closed Form BER Expressions for BPSK OFDM Systems with Frequency Offset » IEEE Communications Letters, Vol. 14, N°. 8, August 2010 pp.731-733.

[27] K. Sathananthan and C. Tellambura , « Probability of Error Calculation of OFDM Systems With Frequency Offset » IEEE Transactions On Communications, Vol. 49, N°. 11, November 2001 pp. 1884-1888

[28] P. C. Weeraddana, Nandana Rajatheva, and H. Minn, « Probability of Error Analysis of BPSK OFDM Systems with Random Residual Frequency Offset » IEEE Transactions On Communications, Vol. 57, N°. 1, January 2009 pp.1-11

[29] Jean Armstrong, "Analysis of New and Existing Methods of Reducing Intercarrier Interference Due to Carrier Frequency Offset in OFDM," IEEE Transactions On Communications, Vol. 47, N°3, March 1999 pp. 365-369.

[30] Jinwen Shentu, Kusha Panta, and Jean Armstrong, « Effects of Phase Noise on Performance of OFDM Systems Using an ICI Cancellation Scheme » IEEE Transactions On Broadcasting, Vol. 49, N°. 2, June 2003 pp.221-224.

[31] Boumèdiène Fatima Zohra, Mohamed Tayebi, Merahi Bouziani 'Comparative study between ICI Self Cancellation and Symmetric Symbol Repetition', Passent Elkafrawy (Ed.): SPIT 2012, LNICST pp. 163-167, 2012.

[32] Mohamed Tayebi, Merahi Bouziani . 'Modified Conjugate Cancellation Algorithm for OFDM systems'. IJCER Vol 3, pp 46-48, March.2013.

[33] HO Anh Tai, 'Application des techniques multiporteuses de type OFDM pour les futurs systèmes de télécommunications par satellite', Thèse soutenue le 30 Mars 2009 à l'université de Toulouse.

[34] M.S. Zimmerman and A.L. Kirsch, "The AN/GSC-10 (KATTHRYN) variable rate data modem for HF radio", IEEE Trans. Commun. Technol. Vol. 15, pp. 197-205, April. 1967.

[35] B. Hirosaki, "An orthogonally multiplexed QAM system using the Discret Fourier Transform", IEEE Trans. Commun., Vol. 29, pp. 982-989, July 1981.

[36] L.J. Cimini, "Analysis and simulations of a digital mobile channel using orthogonal frequency division multiplexing", IEEE Trans. Commun., Vol. 33, pp. 665-675, July 1985.

[37] A. Ruiz and J.M. Cioffi, "A frequency domain approach to combined spectral shaping and coding", Proc. ICC, pp. 1711-1715, 1987.

[38] Basel RIHAWI, "Analyse et réduction du Power Ratio des systèmes de radiocommunications multi-antennes", Thèse soutenue le 20 Mars 2008.

[39] T. Okumura, E. Ohmor, and K. Fukada, "Field Strength and its variability in VHF and UHF Land mobile Service", Review Electrical Communication Laboratory, pp. 825-873, 1968.

[40] M. Hata, "Empirical Formula for propagation Loss in Land Mobile Radio Service", IEEE Transactions on Vehicular Technology, pp. 317-325, 1980.

[41] J. Walfisch and H. Bertoni, "A theoretical model of UHF propagation in urban environment", IEEE Transactions on antennas and propagation, vol. 36, pp. 1788-1796, December 1988.